U0557451

数学与社会

胡作玄 ◎ 著

MATHEMATICS AND SOCIETY

SCIENCE & HUMANITIES

07

数学科学文化理念传播丛书（第二辑）

大连理工大学出版社
Dalian University of Technology Press

图书在版编目(CIP)数据

数学与社会 / 胡作玄著. -- 大连：大连理工大学出版社，2023.1
（数学科学文化理念传播丛书. 第二辑）
ISBN 978-7-5685-4081-0

Ⅰ. ①数… Ⅱ. ①胡… Ⅲ. ①数学－科学学 Ⅳ. ①O1-0

中国版本图书馆CIP数据核字(2022)第253633号

数学与社会

SHUXUE YU SHEHUI

大连理工大学出版社出版
地址：大连市软件园路80号　邮政编码：116023
发行：0411-84708842　邮购：0411-84708943　传真：0411-84701466
E-mail:dutp@dutp.cn　URL:https://www.dutp.cn
辽宁新华印务有限公司印刷　　大连理工大学出版社发行

幅面尺寸:185mm×260mm	印张:11	字数:177千字
2023年1月第1版		2023年1月第1次印刷
责任编辑:王　伟		责任校对:李宏艳
	封面设计:冀贵收	

ISBN 978-7-5685-4081-0　　　　　　　　　　　定价:69.00元

本书如有印装质量问题，请与我社发行部联系更换。

数学科学文化理念传播丛书·第二辑

编写委员会

丛书主编 丁石孙

委　　员（按姓氏笔画排序）

王　前　史树中　刘新彦
齐民友　张祖贵　张景中
张楚廷　汪　浩　孟实华
胡作玄　徐利治

写在前面[①]

一

20世纪80年代,钱学森同志曾在一封信中提出了一个观点.他认为数学应该与自然科学和社会科学并列,他建议称为数学科学.当然,这里问题并不在于是用"数学"还是用"数学科学".他认为在人类的整个知识系统中,数学不应该被看成自然科学的一个分支,而应提高到与自然科学和社会科学同等重要的地位.

我基本上同意钱学森同志的这个意见.数学不仅在自然科学的各个分支中有用,而且在社会科学的很多分支中有用.随着科学的飞速发展,不仅数学的应用范围日益广泛,同时数学在有些学科中的作用也愈来愈深刻.事实上,数学的重要性不只在于它与科学的各个分支有着广泛而密切的联系,而且数学自身的发展水平也在影响着人们的思维方式,影响着人文科学的进步.总之,数学作为一门科学有其特殊的重要性.为了使更多人能认识到这一点,我们决定编辑出版"数学·我们·数学"这套小丛书.与数学有联系的学科非常多,有些是传统的,即那些长期以来被人们公认与数学分不开的学科,如力学、物理学以及天文学等.化学虽然在历史上用数学不多,不过它离不开数学是大家都看到的.对这些学科,我们的丛书不打算多讲,我们选择的题目较多的是那些与数学的关系虽然密切,但又不大被大家注意的学科,或者是那些直到近些年才与数学发生较为密切关系的学科.我们这套丛书并不想写成学术性的专著,而是力图让更大范

[①] "一"为丁石孙先生于1989年4月为"数学·我们·数学"丛书出版所写,此处略有改动;"二"为丁石孙先生2008年为"数学科学文化理念传播丛书"第二辑出版而写.

围的读者能够读懂,并且能够从中得到新的启发.换句话说,我们希望每本书的论述是通俗的,但思想又是深刻的.这是我们的目的.

我们清楚地知道,我们追求的目标不容易达到.应该承认,我们很难做到每一本书都写得很好,更难保证书中的每个论点都是正确的.不过,我们在努力.我们恳切希望广大读者在读过我们的书后能给我们提出批评意见,甚至就某些问题展开辩论.我们相信,通过讨论与辩论,问题会变得愈来愈清楚,认识也会愈来愈明确.

二

大连理工大学出版社的同志看了"数学·我们·数学",认为这套丛书的立意与该社目前正在策划的"数学科学文化理念传播丛书"的主旨非常吻合,因此出版社在征得每位作者的同意之后,表示打算重新出版这套丛书.作者经过慎重考虑,决定除去原版中个别的部分在出版前要做文字上的修饰,并对诸如文中提到的相关人物的生卒年月等信息做必要的更新之外,其他基本保持不动.

在我们正准备重新出版的时候,我们悲痛地发现我们的合作者之一史树中同志因病于上月离开了我们.为了纪念史树中同志,我们建议在丛书中仍然保留他所做的工作.

最后,请允许我代表丛书的全体作者向大连理工大学出版社表示由衷的感谢!

丁石孙

2008 年 6 月

20 年的变迁——序引

《数学与社会》平装版的出版时间是 1991 年 2 月,而准备及写作的时间是 1988 年到 1990 年,也就是 20 年前. 这 20 年虽然只是人类历史长河中短暂的一瞬,但其巨大的变化以及对后世的影响则是绝大多数人始料未及的. 用 E. 霍布斯鲍姆(E. Hobsbaum,1917—2012)的话来讲,1991 年底标志着 20 世纪的终结.

20 年后再来回顾数学与社会的变化,的确可以用令人震惊来形容. 当然,一般人对数学了解甚少,可是计算机的冲击却无比强大,以致电脑盲在 21 世纪几乎很难适应. 不过,还是社会的变化更为明显,尽管还不能对此做出解释,更不能完全与数学挂钩,但我们还是把社会变化归纳为下面四个方面:

1. 世界格局发生巨变

东欧剧变与苏联解体标志着后冷战时代的来临. 中国的崛起在全球化进程中起着重要的作用. 全球的矛盾与冲突与苏美两极争霸时代已大不相同.

2. 信息时代的到来

尽管政治、经济、社会在这 20 年发生了巨大变化,但是最根本、最基础的变化还是信息时代的到来. 与信息有关的发明、技术、科学和工程已经有或长或短的历史,例如,电话的发明迄今已有 130 多年,然而由于种种原因 20 年前并没有普及,然而,现今手机几乎人手一部,而且性能不断改进.

信息化社会正是建立在个人计算机、各种软件、互联网、手机、检索工具等之上的,这些技术进步完全改变了社会的运行体系,其覆盖面与效率大大超过 20 世纪 80 年代之前,它们对社会的冲击是怎么评估也不过分的. 举例来讲,首先是激发了电子商务和网络经济的兴起,其次是网络金融系统给大量的资金流动和支付提供了前所未有的方便,全球化已成为不可避免的趋势.

信息时代并没有因此而进入20世纪末流行一时的知识经济时代,从网上可以获取大量的数据和信息,但是,这些还不能自动加工成为系统的知识与智慧.学习和研究的条件的确有极大改善,但创新和取得突破还是要靠人,硬件的"平等"并不意味着一个国家马上就能完成数学大国和数学强国的建设任务.

3. 金融经济的发展

货币与金融是古老的经济现象,并在以实体经济为上的经济体系中起着一定作用.然而从20世纪70年代起,一系列的变化使得金融(相对于实体经济,也可将其称为虚拟经济)在经济生活中占主导地位.其中主要是:布雷顿森林体系瓦解,各国货币汇率自由浮动;两次石油危机造成全球经济动荡;金融衍生产品的推出和创造.这三个事件不约而同都在1973年出现.然而,大麻烦都从20世纪80年代后期相继产生.一是国际性的金融危机频发,典型的是1997年的东南亚金融危机和2008年美国次贷危机;二是衍生产品的杠杆效应引发过度投机,如巴林银行的倒闭.计算机与网络使交易更加方便,股市交易量成倍增加,股市市值也超出GDP许多.这造成许多潜在的风险.

4. 突发灾祸日益频繁

1990年之前,两极对立的世界并没有发生核大战,尽管有一些局部的战争及冲突,对全球的稳定还没有构成威胁.1990年以后,核战争的危险尽管没有完全过去,但还是大大减少了,相伴而来倒是充满了不确定性的未来.以前人们不太关心的危险浮出了水面:一是与环境有关的风险逐步加大,特别是全球变暖,对于发展中国家,发展与环境的矛盾也日益突出.现在还不清楚异常天气与全球变暖的关系,不过突发的恶劣天气确实越来越多了.二是由于人祸造成的灾难.这在20世纪90年代特别是21世纪初越来越明显.也许我们不能简单地归结为"文明冲突",但是,如何规避或防止呢?总之,近20年,对于突发事件还缺少预防和准备,正好说明,风险与不确定性正在增加.

在近20年的这四个大巨变中,数学究竟起着什么作用,或者进一步说,对数学有什么影响呢?

显然,这四个方面与数学关系是不太一样的:数学对于政治、社会及环境影响不太大,然而,数学与信息技术的发展以及与金融的互动则是十分重要的.

众所周知,以计算机、网络、信息、通信为基础的现代社会是完全建立在广义的信息科学和信息技术的基础之上的.计算机的设计和使用可以说是建立在数学与电子技术之上的.电子技术60年来已有长足的进步,经过了几代的变化,但设计思想还主要是数学家冯·诺伊曼所设想的.冯·诺伊曼也是第一位使用大型计算机的人,他参与了首批"数值天气预报"的工作.没有数学家,天气预报还难以成为现实.

1948—1949年,C. E. 申农(C. E. Shannon,1916—2001)不仅建立了通信的数学理论,从而给信息论奠定基础,而且考虑密码问题,在当前网络安全至上的时代,许多纯数学的理论开始进入这个重要领域.许多军事、安全和经济机构都不约而同地考虑这个大问题.

数学家的最大用武之地还在于"算".由于计算机的发展,设计出适应计算机的好算法成为数学家研究的主要方向之一.近20年,计算数学与各学科形成数以百计的交叉学科,推动了两方面共同进步.

数学与金融的关系更为密切.20世纪90年代,金融数学和金融工程应运而生.1991年,国际金融工程师学会正式成立.金融工程不仅仅用于金融工具及金融产品的设计和开发,而且还发展了各种风险管理技术,而风险管理在金融、保险等行业有极大用处,还推而广之应用于应对各种突发的、不确定性的事件,在复杂的社会环境中是不可少的.

经历了这20年,数学对社会将有更大的冲击;反之,适合的环境将会有助于培养出更多、更优秀的数学家.

我们很难在这样一本书中概括数学的方方面面,有兴趣的读者请参阅下面两本著作:

胡作玄,近代数学史,山东教育出版社,2006;

胡作玄,数学是什么,北京大学出版社,2008.

胡作玄

2008年7月于北京

前 言

谈到数学与社会,首先就会想到科学与社会.这方面的一部著作是贝尔纳(Bernal,1901—1971)的《科学的社会功能》.这部 40 余万字的巨著内容包罗万象,主要包括科学的历史、科学研究的组织、科学教育、科学的应用、科学与战争、各国科学概况、科学家的培训、发展科学战略、科学为人类服务和科学与社会的各种关系及相互作用.这里谈的科学主要是自然科学,数学几乎没有涉及.正是这本书开创了科学社会学及科学学等新领域,也为科技政策研究奠定了基础.现在这些领域已成为社会公认的系统的学科.

但是,数学不是自然科学,数学与社会的相应研究一直也没有系统地开展起来.虽说数学没有科学实验所带来的一系列问题,本应更简单些,可是它的研究成果不那么实实在在,的确难以捉摸和评价.谁也不会否认人们的日常生活要靠物理、化学、生物学的研究成果(用电就是最典型的事例),可是除了个别职业,很少有人认为自己总跟数学打交道.数学与社会的关系要更加间接,更加模糊.作为这种探讨的尝试也不得不仿照贝尔纳当初的做法,从多个侧面来看这个问题.

头一个最自然的问题是数学到底在社会上起多大作用?这个问题的答案构成一个谱,谱的两端一是"数学无用论",二是"数学万能论",随着对数学理解的不同,每个人都站在这个闭区间的某一点上.数学既是有用的,又是无用的,关键在于怎么理解数学.数学的用处也分成许多层次,某一层次上有用的东西,在另一层次上也许没用.不同的问题应用起来也就不同:首先是描述的层次,其次是计量的层次,再就是模型、系统与结构层次,最后是规律、方法与理论思维的层次.在研究具体问题和生物学及社会科学的问题上需要在不同的层次上做文章,不能混为一谈.在谈到数学的应用时,只是举例子来表明方向,而不打算把这本书写成应用数学手册或大全.这是前三章的内容.

本书后面一半的内容可以说成是"数学科学的社会学"或"数学科学学"的内容.由于这两门学科似乎还不存在,自然参考正宗的"科学"的路子来写.数学并非自然科学,数学家也和自然科学家不同,不仅与研究实验的科学家不同,与研究理论物理学的科学家也不同.关键的一点是理论物理学家要考虑实验,而数学家根本不管实验.这是数学家与科学家的根本不同之处.但是数学家与科学家一样,既属于整个社会及其某些分支机构,又属于数学家共同体,他们之间的相互作用和相互关系就构成社会学研究的课题.这个小社会既要向社会输出它的产品——数学知识的技能——来满足社会的需要,又要从社会得到维持自己运行的动力,数学就是在这种双重社会背景之下发展起来的.每个社会都有自己的一套运行机制,因此对数学发展也就起着推动或阻碍作用.从不同国家数学发展的不同道路我们可以看到可资借鉴的经验及教训.这是后三章的内容.

应该指出,本书不是论述"数理社会学"或"社会计量学"的专门著作,而是一本从不同角度来看数学与社会相互作用、相互关系的著作,由于这种关系错综复杂,不可避免地与有关的著作在部分内容上重复,在这方面要进行更深入的探讨,还需要参考有关各书,本书只不过是一个引导.

胡作玄

1990 年于北京

目 录

一 理解数学 /1
    1.1 数学来源于社会 /1
    1.2 数学万能论与数学无用论 /4
    1.3 数学为什么用不上 /7
    1.4 数学是什么 /10
    1.5 数学家的思想方向 /15

二 社会需要数学 /24
    2.1 社会生活中的数学 /25
    2.2 社会生产中的数学 /29
    2.3 数学与战争 /34

三 数学推动科学发展 /38
    3.1 数学与物理科学 /39
    3.2 数学与生物科学 /41
    3.3 数学与社会科学 /45
    3.4 数学与人文学——数学与艺术 /58
    3.5 数学与哲学 /61

四 数学家的社会化 /69
    4.1 数学家的社会状况 /69
    4.2 数学家的职业化 /76
    4.3 数学家成长的社会条件 /80
    4.4 数学家的职业方向 /86
    4.5 数学家的社会、政治活动 /88

五　数学家集体　/91

　　5.1　数学家集体的形成及其社会功能　/91

　　5.2　对数学家的评价　/95

　　5.3　数学界的荣誉和奖励　/104

　　5.4　数学家的交流、合作和竞争　/107

　　5.5　国际交流与国际组织　/113

六　一些国家数学的发展道路　/116

　　6.1　法国、德国和英国数学的不同发展道路　/116

　　6.2　美国的数学　/121

　　6.3　苏联的数学　/124

　　6.4　波兰的数学　/130

　　6.5　日本的数学　/132

　　6.6　印度的数学　/137

　　6.7　中国的数学　/139

结束语　/149

人名中外文对照表　/155

数学高端科普出版书目　/161

一 理解数学

1.1 数学来源于社会

数学是一门复杂、抽象的学问.但是溯本求源,基本的数学概念及分支都有它们的社会背景,是人类社会活动的产物. S. 麦克莱恩(S. Maclane,1909—2005)在他的著作《数学:形式与功能》(1986)一书中列举了 15 种活动及其产生的数学概念(表 1-1),虽不一定很合适、很全面,我们还是可以从中看出其社会背景.

表 1-1

活动	观念	概念表述
收集	集体	(元素的)集合
数数	下一个	后继、次序、序数
比较	计数	一一对应、基数
计算	数的结合	加法、乘法规则、阿贝尔群
重排	置换	双射、置换群
计时	先后	线性顺序
观察	对称	变换群
建筑赋形	图形、对称	点集
测量	距离、广度	度量空间
移动	变化	刚性运动、变换群、变化率
估计	逼近、附近	连续性、极限、拓扑、空间
挑选	部分	子集、布尔代数
论证	证明	逻辑连词
选择	机会	概率(有利/全部)
相继行动	接续	结合、变换群

从数学的来源看,数学与社会是密切联系在一起的. 19 世纪之前,数学家不把自己看成某一领域的专家,也不划分纯粹数学与应用

数学,甚至也不区分数学与其他科学.数学是一种解决实际问题的技术.

从数学的内容看,17 世纪乃至 18 世纪的数学范围可以说包罗万象,这可从 C. F. M. 德沙列(C. F. M. Deschales,1621—1678)写的《数学课程或数学世界》中看出,"除了算术、三角和对数之外,还包括实用几何、力学、地理、磁学、土木工程、(大)木工、石工、军事建筑、流体静力学、液体流动、水力学、船体结构、光学、透视、乐理、火器及火炮设计、星盘、日晷、天文学、日历计算和占星术.最后他还把代数、不可分量理论、圆锥曲线理论和诸如割圆曲线和螺线那样的特殊曲线包括在内."① 现在的纯粹数学始于 19 世纪的 C. F. 高斯(C. F. Gauss,1777—1855)及 A. L. 柯西(A. L. Cauchy,1789—1857),他们也研究其他科学,但应用数学的范围已经小多了.

即使如此,19 世纪许多数学问题也来源于实际问题.从高斯到 H. 庞加莱(H. Poincaré,1854—1912)都研究天体力学,不仅计算行星轨道,而且求解三体及多体问题.从 P. S. 拉普拉斯(P. S. Laplace,1749—1827)、高斯到 H. 闵可夫斯基(H. Minkowski,1864—1909)都研究毛细现象.高斯的内蕴微分几何学来源于他的大地测量实践,直到今日,他的测地网仍在使用.今天的位势理论来源于"吸引"理论.F. 克莱因(F. Klein,1849—1925)研究陀螺仪,П. Л. 切贝雪夫(П. Л. Чебышев,1821—1894)研究的传动机构则更实际.19 世纪末开始编辑出版的《数学科学百科全书》(1898—1935)概括了当时的纯粹数学及应用数学.前三卷分别是算术和代数(2 卷)、分析(5 卷)、几何学(6 卷),后三卷则是力学(4 卷)、物理学(3 卷)、测地学与地球物理学(1 卷)以及天文学(2 卷).这反映了 20 世纪初数学范围仍然不小.其后这些部分已经不再被认为属于数学科学范围,但许多学科实际上同数学特别是应用数学没什么两样,如天体力学、数学物理学等实际上几乎从头到尾研究的都是数学问题,实际问题的背景已经到了小得看不到以致不管也可以的地步.

20 世纪起物理科学及生物科学乃至心理科学、社会科学、人文学

---

① M. Kline:《古今数学思想》(1972).中译本,第 2 册,第 112 页.原译文有错,已改动.

都发生了巨大的变革,提出了许多新的数学问题,对科学和数学都产生了深远的影响.20世纪数学科学内部结构研究的兴起形成了一系列新科学:抽象代数学(群论、环论、域论等)、拓扑学(一般拓扑学、代数拓扑学、微分拓扑学)、测度及积分论(各种空间上测度、各种积分、概率论)、泛函分析(各种空间及算子理论、算子代数)、数理逻辑(公理集合论、证明论、递归论、模型论)以及第二次世界大战之后产生的同调代数学(包括 K 理论、L 理论)、范畴函子理论及大范围分析,这些大大扩充了古典纯粹数学理论.

社会实践尤其是第二次世界大战的刺激,产生了一系列与古典数学大异其趣的新领域.如果要给其一个概括的名称,最合适的名称应该是"系统数学",它有如下一些分支:

(1)统计数学.更广一点,包括其他一些近亲,如种群遗传学、优生学、生物计量学、心理计量学、社会计量学、经济计量学等.

(2)运筹数学.包括规划数学(线性规划、非线性规划、整数规划、几何规划、动态规划)、排队论、库存论、排序理论、替代理论、可靠性理论、网络流理论以及对策论(也译为博弈论、竞赛论)、搜索论等,以及各种各样模型与算法.广义的运筹学可以说是决策科学.

(3)数理科学.许多科学部门像力学、数学、物理学一样,发展成一套接近纯粹数学的模型.数学物理学的内容大大扩展,同时产生了数学生物学、数学生态学、数学心理学、数学地质学、数学经济学、数学社会学、数学语言学等.

(4)系统科学.如 N. 维纳(N. Wiener,1894—1964)的控制论、信息论、控制理论.

(5)计算机科学.如程序语言、软件、人工智能理论等.

(6)计算数学.配合计算机产生一系列算法,与各门科学搭配产生计算力学、计算流体力学、计算物理学、计算化学等分支,以及对计算数学的基础理论,如误差分析、稳定性、收敛速度乃至计算复杂性的研究.

与纯粹数学不同,上面的所有数学分支均为社会实践的产物,它们至今还带着其社会来源的烙印,如搜索论的确来源于搜索潜艇的问题;可靠性理论的确来源于复杂的军事装备、元件寿命与整机寿命的关系以及何时检修及置换最优等实际问题;对策论一开始就同完全竞争经济学的问题联系在一起,后来理论又扩展到多门社会科学上,这反映了大部分数学与人类社会活动和实践有着天生的血缘关系,数学必定在社会上大有用武之地.

1.2 数学万能论与数学无用论

虽说数学来源于社会实践,但经过几千年特别是近一二百年的发展,数学已成为一门远远超乎一般人想象的学科.那么数学是不是还像以前那样是一件非常有用也非常有效的工具呢? 对此,答案有两种极端:一种是数学万能论,一种是数学无用论.前者认为:任何事情离不开数学,离不开数量关系,当然也就离不开研究它的数学.只要能用上数学,一切问题均可迎刃而解.所有科学、技术、社会乃至哲学问题都应数学化,只有数学化才能对问题的认识更加深入,才能使之成为一门真正的科学.后者则认为:数学只不过是一门专门学科,它有自身的问题(如哥德巴赫问题),而这些数学问题的解决对于解决科学技术问题派不上什么用场,更不用说复杂的社会问题了.例如,有些人明确表示,数学对经济学没什么用,数理经济学只不过是数学,与现实经济运行并不相干.至于天天离不开的数字及加、减、乘、除,只不过同语言文字一样是社会生活的基本知识,与近代数学根本是两码事.而一般人则根据他对数学及社会的不同认识站在这两种极端的某一点上.

正确的观点似乎应该是:

(1)并非所有数学都是有用的,有些数学分支是针对解决某些问题而建立的,它们可能马上派上用场,但许多数学分支的确用处不大.现在一年中数学家证明的十几万条定理绝大部分可能派不上用场,甚至在相当长的时期中没什么用.

(2)由于数学研究还不够深入,以致还不能解决较复杂的问题;或者由于数学家对社会问题缺乏认识,以致数学没能正确得到运用.但这些并不说明数学没有用,而是需要对应用数学采取更积极的态度.

(3)当数学家关心社会问题并致力于把各种问题数学化,同时社会正确认识数学、理解数学、积极运用数学,而不是简单地否定数学时,数学还是拥有极大潜力来帮助人们解决社会问题的.

近几十年来，数学在认识资源危机、环境危机、核战危机等问题的过程中发挥了积极的作用．对此，我们分述如下．

1.2.1　资源危机

人类生存所依赖的土地资源、森林资源、水资源、动植物资源、矿产资源以及能源的利用速度已达疯狂的程度．人们早就被警告过只有一个地球，不过掠夺资源的欲望依然难以扼制．数学能够告诉人们这种或那种资源什么时候即将枯竭，热力学也告诉人们大部分资源不能再生，这种资源稀缺到枯竭的趋势是不可逆转的．

资源危机的第一个问题是能源问题．迄今所用的石油、煤、天然气都是几亿年前地壳运动把大量生物覆盖在地下逐渐生成的，储量有限，越用越少．能源的合理使用是当前的重要问题．森林资源的破坏也极为严重，不仅木材资源遭到破坏，而且相关的动植物也连带被毁灭，甚至带来一系列的环境问题．金属及非金属材料也是大问题，它们要比能源及森林资源更麻烦，原因是它们的储量更为有限，可替换的前景也很渺茫．近年来，一系列研究着眼于资源的分配问题，然而，尽管从数学上可以对已知数据进行分析，但却不能阻止这个过程继续发展下去．

1.2.2　环境危机

人们重视环境问题还是最近的事．1952 年伦敦因烧劣质煤产生的烟雾使 4000 人死亡．1960 年日本发生"水俣病"——汞中毒．1968 年日本多氯联苯污染食用油，使一万多人中毒．这些事件引起了人们的注意，各国政府也开始关注污染问题．其实污染与环境问题自从人类存在以后就已出现．有人认为许多早期文明如巴比伦文明及玛雅文明的消失就是由于环境的恶化．而环境的恶化随着工业化的进程大大加重，加速．而试图用科学方法测量人类的活动对自然环境的影响，则是很晚的事．因此从动态的、全球的观点说明环境状况，要了解及控制全球生态系统未来状况，显然是有相当难度的[1]．这样就为数学的使用带来困难．从已经实际做了长期测量的几种污染结果来看，这些污染似乎按指数增长，而且看不到增长的最高限度．由于生态变

---

[1]　D. 梅多斯．增长的极限．2 版．于树生，译．北京：商务印书馆，1984：48．

化存在某种自然延迟,人在思想上会产生麻痹,而结果往往是突然出现灾害性后果,而且污染正如传染病一样,几乎没有国界地在全球传布.数学本来是应该考虑这些问题的,并且提出警告.遗憾的是,数据、理论及数学研究还是远远不够的.开始时人们只注意工业污染,后来人们考虑的问题越来越多,许多问题由不被注意到发生事故,最典型的是 1975 年美国的三里岛核事故及 1986 年苏联的切尔诺贝利核电站事故,后者的放射微粒一直散到西欧,污染了食品及牧草,其后果的评估还没有弄清楚.使用 30 多年的反应堆出现的核废料也成问题,石油及其他废物对海洋及水面的污染也极为严重.

20 世纪 70 年代的新课题还有对二氧化碳导致温室效应后果的评估.现在所得到的结论千差万别,甚至还有认为这是一种有利的效应.20 世纪 80 年代又出现大气层的"臭氧洞",这些现象的产生和积累以及它们的后果都是多种复杂因素长期相互作用的结果,单靠简单的追踪观测是不够的,这正是数学大有可为之处.不过,数学并没有显示出它的威力,看来,数学在环境问题的研究上还大有潜力可挖.

1.2.3 核战危机

自从 1945 年美国在广岛、长崎投下两颗原子弹以来,世界核武器库一直在不断地扩展,总的当量已经可以使整个地球毁灭上百次.人类一直生活在"恐怖平衡"的条件之下.社会对核战争的后果有一个认识过程.一开始,一些物理学家,如 H. 贝特(H. Bethe,1906—2005)等人就反对核武器,他们的角度当时还主要是从对广岛、长崎所造成的大规模杀伤出发来考虑的;20 世纪 50 年代起尽管有科学家及和平主义者的反对,但是军备竞赛还在继续;到了 20 世纪 60 年代人们才对核战争所产生的辐射对人类及其后代的遗传影响更为了解.到了 20 世纪 70 年代,人们已经慢慢认识到,对于核战争来说,将没有胜利者可言,即使是局部核战争也十分危险,因此各国开始防止核扩散;但这并不能完全防止希特勒式的战争狂人得到核武器及使用核武器,也不能防止恐怖主义者掌握核武器.20 世纪 80 年代中期,人们对核战争的认识更进一步,C. 萨根(C. Sagan,1934—1996)等人提出"核冬天"理论,宣布核战争以后灰尘及浓雾将长期遮蔽太阳,使地球长期处于低温、植物难以生长的状态,因此,劫后余生的幸存者将在一个无法生存的环境下过活,从而继续造成大量死亡.这种灰尘将随风扩散到全球,使得整个地球难以找到人类适当的栖身之所.也有人不同意这个理论及其结论.的确,数学家可以帮助弄清核战争的后果,使人类对于核战争后果有更精确的认识.但即便如此,数学的应用还是远远不够的.

1.3 数学为什么用不上

数学在社会生活中的主要领域还没能发挥重大作用,这的确是事实.问题是,数学为什么没用上?答案其实也很简单:不愿意用,不知道用,不会用,不能用或用不上.不愿意用是社会问题,不知道用及不会用是社会(或群众)对数学不理解,不能用或用不上是数学本身的问题.

(1)不愿意用数学是社会及广大群众对待数学的普遍心态.

除了他们对于数学不理解之外,还有许多感情上的因素.除了少数人之外,一般人对于数学缺乏兴趣,认为它太专门、太抽象、太烦琐、太复杂、太枯燥、太难懂.因此,对数学采取敬而远之的态度.在可用可不用的情况下,当然一律不用,即使明知有用,也没有耐心去研究.对于社会实际问题更是顾虑重重,因为社会实际问题的确复杂,而数学总是要简化,简化的结果往往以不符合实际而被摒弃.还有人认为用数学反而增添了麻烦,花费很多精力,对问题的解决却仍未改进.这些都是带有感情色彩的"反数学顽症",是阻碍数学应用的大障碍.

数学的结果缺少直观性,整个推导过程缺乏透明度,也是社会不愿意应用数学的原因之一.社会不仅对于复杂的数学是如此,就是对于简单的科学技术也往往存在不信任感,例如许多人有病不愿打针吃药,或者错误地认为药越贵越能治病.他们只能看到眼前的东西,对于他们所不了解、不掌握的东西,不愿去试试.

不愿意用数学还来源于任何实际问题的解决都需要各个领域的科学家精诚合作,共同努力,许多问题甚至需要国际合作,但是,谁能组织这样的活动呢?谁能保证有着不同想法的个人能冲出他们专业的狭窄领域,能正常地同兄弟学科正常交流,平等地探讨问题?比起物理学家及工程师,数学家更是些个体劳动者,他们不仅没有与其他领域的学者交流的心理准备,而且压根儿就讨厌"大兵团作战". 除了极少数学识渊博、眼界宽阔的大家如 J. 冯·诺伊曼(J. von Neumann, 1903—1957)等人之外,多数数学家兴趣狭窄,思想集中,对于人类当前的重大问题不关心,更不愿意去考虑.

此外,不愿意用数学还来源于数学家的价值观念. 从古代起,一直到 19 世纪中叶,数学及科学几乎是密不可分的,许多数学家不仅是科学家,而且以他们研究的东西没有用为耻. L. 欧拉(L. Euler, 1707—1783)进行数论的研究,怕别人以为没用,声称他的方法将会对科学有用. 高斯对数论有着大的贡献及兴趣,但是他首先研究实用的问题,并对任意想出的数论问题如费马大定理表示不感兴趣. 拉普拉斯及 S. D. 泊松(S. D. Poisson, 1781—1840)更是"数学帝国主义"代表人物,他们要在各个领域应用数学[①]. J. 傅里叶(J. Fourier, 1768—1830)也认为,数学的主要目标是公众的利益和对自然现象的解释,他反对纯粹数学研究. 但 C. 雅可比(C. Jacobi, 1804—1851)对于数学的看法则代表其后 100 多年纯粹数学家的纲领:科学的唯一目标是发扬人类精神的光荣. 从这个观点看,一个数(论)问题就和一个关于行星系问题一样有价值. 从这时起,数学家开始分化,数学也开始分化. 首先把大量的应用数学分支赶出数学领域;其次禁止乱用数学,数学要有严格的基础,而这是数学家真正要研究的东西. 柯西、N. H. 阿贝尔(N. H. Abel, 1802—1829)等人的数学严格化运动就是最早的纯粹分析的研究. 由此许多实用的数学工具,如向量分析及算符演算都是应用科学家研究出来的,而纯粹数学家对此不屑一顾. 纯粹数学家也有自己的任务,他们研究数论、函数论、各种各样的几何学,他们为数学奠定稳固的基础. 研究公理化,最后又在这个基础上发展了抽象代数学、拓扑学、测度论、泛函分析,乃至基础的基础——数理逻辑. 他们找到那些研究不完的问题,一而再再而三地推广,继续不断地深入,去抠一些大家都明白的字眼——数、空间、连续、曲线、面积、维数等. 这样一来数学家有自己的事做了,再也不需要别人给他提问题,充当别人的"工具和仆人"了. 不仅如此,数学真正要成为科学的女王了.

---

① 参看 I. Hacking, *The Probabilistic Revolution*, Vol. 2, 1987.

19 世纪末,许多纯粹数学家就以研究纯粹数学为荣耀. G. H. 哈代(G. H. Hardy,1877—1947)在他的《一位数学家的辩白》中讲道:"我从未做到任何有用的事,既没有给世界带来欢乐,也没有带来灾难."E. 朗道(E. Landau,1877—1938)讥笑他在格丁根研究空气动力学的同事 L. 普朗托(L. Prandtl,1875—1953)等人是整天研究"润滑油"的技师. 而布尔巴基学派更是从数学大厦中除去一切应用的痕迹. P. 哈尔莫斯(P. Halmos,1916—2006)说得更直截了当:"应用数学是坏的数学."就连在应用数学方面大显身手的冯·诺伊曼及 S. M. 乌拉姆(S. M. Ulam,1909—1984)都对应用数学不以为然,冯·诺伊曼认为自己最好的三项工作都是纯粹数学的,而乌拉姆则说自己把数据算到小数点后二位是"堕落". 难怪后来 P. 拉克斯(P. Lax,1926 年生)说纯粹数学家把应用数学家看成二等公民了.

虽然这种不健康的脱离实际的倾向已遭到多次批判,但大多数数学家钻进自己狭窄领域的象牙塔,对外界事物一无所知甚至不闻不问,也是数学得不到应用的一个主要原因.

(2)对数学的不理解.

一般人在基础教育中所学到的数学只是数学的常识,他们在日常生活中所用到的还是其中最基本的运算及直观的图形关系. 他们对数学发展到什么程度一无所知,也不感兴趣. 在整个科学领域,数学是被社会了解得最少也是最差的一门科学. 物理学、化学、生物学的成就不但屡见于报端,就连天文学及地学的消息也是传播极快,与生活密切相关的事如"几个行星在一条线上"或地震的传闻更是不胫而走. 数学的消息上《纽约时报》一年大概不过一两次,当然这不是指与计算机有关但被人误认为是数学的消息. 不仅社会上广大群众如此,就连与数学关系密切的科学家甚至数学家对于隔行的数学成就也基本上一无所知,更不用说了解它们潜在的用途了. 这样一来,数学更不为社会所了解.

数学的过分专业化是构成数学传播的主要障碍. 数学的各种层次的普及的缺乏更加重各方面对数学的无知. 最令人遗憾的是,社会不能理解:数学究竟是干什么的? 这么多数学家究竟在想些什么? 他们的目标是什么? 数学与社会究竟有什么关系? 解决这些问题的第一步是理解数学.

（3）数学无能为力.

对数学的无知还有另外一种表现,就是以为数学威力很大,最终能够解决一切问题.这可以说是一种"数学万能"的错觉.数学应用有许多层次:已有的许多用途,如数值计算、解方程、有一定格式的解的模型,今后仍将有用;潜在的用途,有许多现成的模型及算法,但社会不知其存在或如何去用.有许多问题的因素较多,复杂多变,模型过于简单需要改进.有的实际问题本身的问题没有解决,比如地震的演化规律、灾害天气的原因;或者缺乏必要的数据,比如建筑材料的强度,即使有数学方法也不能解决.这并不是数学没用,而是应用数学需要有一定的数据,数据不够或不精确常常是数学无能为力的一个原因.因此,要发挥数学的作用首先要理解数学.

1.4 数学是什么

数学是什么？正如科学是什么、系统是什么、精神是什么、文化是什么、生命是什么、智能是什么等,都是众说纷纭的问题.每个人都觉得他知道一些,可是又说不清.不只外行说不清,而且内行的意见也不统一,这与物理学、化学等大不一样.化学家对于有机化学是什么,胶体化学是什么,甚至什么是化学大概没有不同看法.物理学家对于核物理学是什么,半导体物理学乃至物理学是什么也不会有根本的意见分歧.数学则完全不同.不仅一般人随着他们对数学的理解程度不同而不同,而且数学家也是如此.对于数学是什么这个问题,古人与今人看法也是极为不同的.

对于这个问题,从数学所从属的工作领域来看,有下面一些观点：

数学是技术；

数学是逻辑；

数学是自然科学；

数学是科学；

数学是艺术；

数学是文化；

……

从数学的对象来看：

数学研究计算；

数学研究数和量；

数学研究现实世界的数量关系和空间形式；

数学研究模型；

数学研究结构；

数学研究演绎系统形式系统；

数学研究无穷；

……

从数学的社会价值来看：

数学是语言；

数学是工具；

数学是框架；

数学是符号游戏.

  这些看法没有一个能充分概括现代数学研究的全部特点.物理学、化学、生物学乃至社会科学的对象是明确的，目的是明确的，结果要受实践的检验.哲学的体系虽变来变去，但总是一套千古不变的问题.逻辑学和语言学都是形式科学，它们的对象也相当清楚.只有数学的对象相当广泛，相当自由，正如 G. 康托尔（G. Cantor, 1845—1918）所说的：" 数学的本质在于它的自由性."所以说数学不是一门自然科学，它的地位应处于哲学与自然科学、社会科学之间，与逻辑学、语言学为邻，是一门符号的、形式的学问.可是它又有社会实际的背景，因此不能说完全脱离实际.归根结底，数学是数学家已经解决和尚未解决问题的集合，这些问题虽然直接或间接来源于社会实际，但研究时却把这些问题孤立起来，单凭逻辑推理去研究.在这个过程中，又产生新的问题、新的方法、新的学科.这样一来，不管问题来源于社会实际还是来源于数学自身，数学已有了极为广阔的研究领域.不过大致划分一下，可以归成两大类.一类是算的问题，一类是证的问题.当然，它们之间也是有着千丝万缕的联系的.

  典型算的问题是解方程.首先是解代数方程.16 世纪会解一般三次、四次方程，到 19 世纪 P. 鲁菲尼（P. Ruffini, 1765—1822）、阿贝尔及 G. 伽罗瓦(G. Galois,1811—1832)证明了一般五次方程没有根式解,解代数方程的问题并未由此偃旗息鼓,许多数学家和数学史家认为由此代数学的主题由方程论变成群论,甚至变成抽象代数学,这完全是误会.实际上群论要到 19 世纪末甚至 20 世纪初才真正出现.至于抽象代数学则是 1930 年以后的事了.从 1830 年到 1930 年的 100 年间,数学家仍然对方程有许多研究,有上百篇论文讨论一般五次方程的解法.实际上,一般五次方程没有根式解并不等于它没有解,只是解不能表示为根式及简单的代数运算.19 世纪 50 年代,C. 埃尔米特(C. Hermite,1822—1901)、L. 克罗内克(L. Kronecker,1823—1891)及 F. 布廖斯奇(F. Brioschi,1824—1897)分别得出了一般五次方程的通解的形式,只不过是由椭圆函数来表示出罢了.关于解的性质也有许多讨论,克莱因在 1884 年写的《五次方程及二十面体群》中做了很好的总结,他和 P. 高尔丹(P. Gordan,1837—1912)还讨论过更高次方程的解.代数方程的解并不只是数学家的"好玩意儿",它有许多用处,如天体力学问题最后化成长期方程(矩阵特征方程)求根问题.这时近似解很重要.19 世纪求代数方程近似解问题也有很大发展.从大数学家傅里叶及 C. F. 斯图姆(C. F. Sturm,1803—1855)关于实根位置的研究也可以看出这个问题的重要性.

如果代数运算是有限运算的话,分析的对象则是无穷运算(无穷级数求和、无穷乘积,以及无穷小演算——微分、积分等).微积分产生之后,有着广泛应用领域的方程是常微分方程、偏微分方程、积分方程以及差分方程、积分微分方程、函数方程.这些方程求解问题构成数学的一大领域.实际上,牛顿在发明微积分时就完全解出了二体问题,莱布尼茨也解出了一些简单的微分方程.18 世纪的大数学家伯努利兄弟(Jacob Bernoulli,1654—1705;Johann Bernoulli,1667—1748)、欧拉和 J. L. 拉格朗日(J. L. Lagrange,1736—1813)都是解常微分方程的能手,他们研究出了展成幂级数的一般方法.到 19 世纪中叶,线性常微分方程理论已经是相当成熟了.由于特殊问题引进的偏微分方程——波动方程、拉普拉斯方程及热传导方程是 19 世纪数理方程研究的重点.通过各种坐标变换分离复数,导致许多常微分方程、特殊常微分方程的解就是特殊函数.特殊函数使一系列物理及数学问题获得解决. 为解方程而引进的积分变换、渐进展开以及算符演算成为以后数学物理的重要工具. 傅里叶展开更是发展成一个重要的数学领域.

微分方程的解所造成的困难促使了新的理论及方法的产生. 一是求解析近似解, 如摄动(或微扰)法及渐近展开法; 二是求数值解, 如 C. 龙格 (C. Runge, 1856—1927) 法; 三是定性方法, H. 庞加莱 (H. Poincaré, 1854—1912) 把这种方法同斯图姆的求实根数目方法进行类比, 指出当定量方式难以进行时, 我们可以退而求其次, 知道某些定性结果也是很重要的. 最基本的解的定性理论是解的存在性、唯一性以及稳定性问题——这是当代偏微分方程专家最为关心的, 而真正"算"的问题则让给应用数学家及计算数学家.

以上可以说是微分方程的"算"的方面即演算或计算的实践及理论. 微分方程理论还有其"结构"方面, 这方面也不能完全同"算"的方面截然分开, 只是"结构"方面比较脱离实际罢了. "结构"方面的理论有分类理论、微分方程与群的关系(相当于代数方程的伽罗瓦理论)以及微分算子所形成的代数结构或空间.

属于"算"的问题还有另一类问题. 如果把前一类问题称为"等式"问题, 这一类问题可称为"不等式"问题. 不等式问题发展到极端形式就是极值问题、变分问题、最优化问题乃至调节与控制问题. 许多问题开始是一个不等式问题, 后来变成等式问题, 如求极大极小问题变成求导数问题, 变分问题变成解微分方程问题. 但这不是单方面的还原, 解偏微分方程需要大量运用不等式, 从最简单的施瓦茨不等式、闵可夫斯基不等式到各种精巧的先验估计, 它们所反映出的硬分析的技巧方面, 是专家的本领所在, 外行很难领略其中奥妙.

数学的另一大类问题是证明定理, 这是一般人所不熟悉的. 定理的一部分是数学对象的性质和关系, 这类定理从欧几里得起已有相当多的结果, 而另一部分定理则涉及结构. 结构进入数学只有一百余年的历史, 是由"群"的概念引进而开始的. 人们习惯认为伽罗瓦的工作意味着群论的产生, 实际上它并非现代研究的抽象群论, 伽罗瓦只是引进一种具体的群——置换群, 这是一种有限群. 后来引进几何的运动群, 这是一种特殊的连续群, 即后来的李群. 庞加莱的自守函数论用的是第三类群——无穷离散群，即可用母元与关系定义的群.当时的数学不喜欢过度的抽象，一般的抽象群观念并没人注意，直到19世纪末，抽象群论才成为数学家研究的对象.即使如此，这三类群一般也是分别研究的.

我们以有限群为例，来说明要研究的结构到底是什么.

给定一个有限群，例如说5个元素的置换群，它的结构是指它的元素之间的关系.再进一步，它包括哪些子群(特别是正规子群)？它关于正规子群的商群是怎么样的？它关于子群的陪集是怎么样的？它的子群形成什么样的序列？它有什么样的到它自身的同态和同构？它怎样由比较简单的因子构成？这些可以说是内在的结构.如果另外还有群 H，它们之间有没有同态或同构？它是不是可以嵌入其中？它是否可以扩张成 H？有多少种扩张方式？这些可以说是外在的结构.结构相同的群我们就看成一样的，称为同构.要证明两个群结构相同或不同，我们需要有一定的根据，这就是它的不变量.对于有限群来说，一个不变量是群的阶.显然两个群同构，它们的阶数一定相等.可是两个阶数相等的群不一定同构.如四阶循环群和克莱因四元群，都是四阶但不同构.所以还需要再找其他的不变量或性质，如是否是幂零群？是否是可解群？是否是单群？

对于所有的有限群，最重要的问题是把它们分类，也就是找出所有互相不同构的有限群，这一般分两步走：

(1) 找出具有最简单的结构的群——单群，它好像结构的原子.

(2) 每一个群是如何由单群组合而成的，也就是如何由原子构成分子的.

100年来，有限单群的分类经过100多位数学家的努力已经于1981年大功告成，整个写出来需要10000页.

结构的刻画及分类是现代数学研究的主要方向，虽然只有极少数的结构已分类清楚，特别是半单李群、李代数，但它们已经发挥了巨大的作用，在物理学上显示了惊人的功效.由于数学的结构侧面不太为其他人所掌握，一般人包括许多数学家在内只关注算的方面，这就大大限制了数学应用的范围.实际上，挖掘数学结构方面的潜力是大有可为的.

1.5 数学家的思想方向

由于数学的对象及内容有相当大的自由性,要理解数学就要了解数学家在想什么,怎么想,往哪个方向想. 在这方面当然要比了解自然科学家困难一些,一般人不难理解化学家希望想出一些办法分析物质的组成、结构,测定它们的性质,如何制备出来等,因为这些想法都很自然,合乎情理. 相比之下,一般人不太容易想得通,数学家为什么要考虑与实际毫不沾边的问题? 他们的想法或思路是怎么样的呢? 我们这里举三个方面的例子,从中可以略微看出数学家一些不同寻常的想法.

1.5.1 无穷无尽的推广

由于数学不是以某个具体事物为对象,所以数学家总是在已有知识的基础上,向未知的领域扩展. 研究物理学或矿物学的专家只研究现实世界的物体,他们知道多边形和多面体的性质就够了,无须研究 4 维、5 维甚至高维的多边形;他们知道 2 维、3 维的欧拉公式,点、线、面、体数目之间关系就够了,用不着到 4 维去考虑. 可是,数学家并不在乎,只要逻辑上不出问题就行. 就这样,数学家从实际的概念及问题中推广出各种各样的新概念、新问题,下面我们从数、空间及函数三个方面来说明数学家是如何推广的.

(1) 数

克罗内克有言:"整数是上帝造出来的,其他都是人造的." 有理数、实数、复数乃至无穷基数及序数一直到各种代数结构的元素现在都是数学研究的对象. 不仅概念如此,问题也是推广来的. 数论中最为庞大的分支——不定方程(丢番图方程)中的许多问题都是最简单的不定方程

$$x^2 + y^2 = z^2 \tag{1}$$

的衍生物,它也是最古老的不定方程. 巴比伦在泥板文书上已开列它的多组解,最大的一组解是:

$$\begin{cases} x = 12709 \\ y = 13500 \\ z = 18541 \end{cases}$$

其后证明当$(x,y)=1$时,设 x 为偶数,则方程(1)的正整数解均可表示成:
$$\begin{cases} x = 2ab \\ y = a^2 - b^2 \\ z = a^2 + b^2 \end{cases}$$

其中,a、b 为任意互素正整数,$a>b$. 这个结果是一个不定方程的最好的结果了. 以这个方程为模式,我们希望求出某一不定方程的全部解,也就是证明除此之外没有其他的正整数解(或整数解,或有理数解),要不就证明它根本没有正整数解. 这样的不定方程有很多,许多方程可以看成方程(1)的推广. 第一个推广是费马大定理,费马说他证明了当$n \geq 3$时,

$$x^n + y^n = z^n \tag{2}$$

没有正整数解. 实际上,费马真正证明的只有

$$x^4 + y^4 = z^4 \tag{3}$$

没有正整数解. 欧拉在 1770 年证明

$$x^3 + y^3 = z^3 \tag{4}$$

没有正整数解,但没有能证明其他情形. 不过他又做了第二步推广,他指出:

$$x^3 + y^3 + z^3 = u^3 \tag{5}$$

有解,因为

$$3^3 + 4^3 + 5^3 = 6^3$$

仿照三次情形,他在 1778 年猜想

$$x^4 + y^4 + z^4 + t^4 = u^4 \tag{6}$$

有解,但

$$x^4 + y^4 + z^4 = t^4 \tag{7}$$

没有解. 注意到(5)和(6)的左边项数都等于方程的次数,还可以做类似的推广:不定方程

$$x^5 + y^5 + z^5 + t^5 + u^5 = v^5 \tag{8}$$

有正整数解,而

$$x^5 + y^5 + z^5 + t^5 = u^5 \tag{9}$$

没有正整数解……

大量的不定方程就是这么推广来的,这种推广虽然不费事,可是却够几代数学家干一辈子还不一定有什么结果.费马大定理已有三百多年的历史,虽有一些进展,但直到 1995 年才彻底解决.但欧拉猜想却有了结果:1911 年得出(6)的一组解:

$$30^4+120^4+274^4+315^4=353^4$$

但一直到 1987 年才用椭圆曲线理论及计算机推翻(7)无解的猜想,给出了一个反例:

$$95800^4+217519^4+414560^4=422481^4$$

而五次方的欧拉猜想(9)无解.在 1966 年也给出了反例:

$$27^5+84^5+110^5+133^5=144^5$$

但(8)的解至今尚未得出!这个问题还可以从不同方向推广.一是向高次幂推广,二是左边项数增多,三是右边项数增多.当(6)的左边再加上一项,100 年前就找到一组解:

$$4^4+6^4+8^4+9^4+14^4=15^4$$

(8)的左边再加上一项也有解:

$$4^5+5^5+6^5+7^5+9^5+11^5=12^5$$

可以看出单是等幂次的不定方程就可以无穷无休地推广下去.许许多多数论问题也是这样从简单到复杂无止无休地产生出来的.一个问题解决了,十个新问题又在等着数学家,数学家总有解决不完的问题.

(2) 空间

19 世纪中叶以前,欧几里得空间是第一个数学空间,也是唯一的数学空间.欧几里得空间是通过欧几里得几何学的公理来刻画的,它反映人们对空间的平直性(线性)、匀齐性、各向同性、包容性(作为万物的容器)、位置关系(距离)、无穷延伸性.三维性、连续性、无限可分性等性质的初步认识.

欧几里得 3 维空间可以从许多方向上进行推广.

• **维数上的推广**.由 3 维推广到 4 维、5 维……甚至到无穷维.

• **变换群的推广**.抛弃度量性质,只研究射影变换下的不变性质,就得到射影几何学,同样可以得到仿射几何学及保形几何学.相应的空间自然也就是射影空间、仿射空间、保形空间了.

• **空间元素的推广**.以前人们默认空间元素是点.19 世纪中期

J. 普吕克尔（J. Plücker, 1801—1868）就创立了以直线为元素的线几何学，直线或曲线还可以构成线汇及线丛或网、罗等．同样也有圆几何学和球几何学．19 世纪后半叶这方面的几何学研究得十分热闹，所有这些空间也可以从变换群的角度来研究．

• 度量上的推广．非欧几何的出现是欧几里得空间推广的第一个方向，非欧空间——双曲空间与椭圆空间打破了欧氏空间独一无二的绝对地位．由于非欧平面可以在欧氏空间的曲面上实现，就把空间的平直性去掉了．它们可以概括成为"常曲率空间"，把曲率处处相等这个条件再推广，可以成为黎曼空间．黎曼空间还可以沿着三个方面再推广：

① 黎曼空间具有正定的度量，如果度量不限定为正定，则可以得到在物理学上有用的闵可夫斯基空间等伪黎曼空间或广义黎曼空间．

② 黎曼空间的二次微分形式的度量，变为一般形式可以得到芬斯拉（P. Finsler, 1894—1970）空间．

③ 黎曼空间是具有给定有线元的度量空间，它可以推广成面（积）元或更高阶线元，这样依次得到嘉当空间与河口（A. Kawaguchi, 1902—1984）空间等．

• 基域的推广．作为欧几里得空间的基域——实数域可以推广到一般域上．首先是推广到复数域，其次是推广到有限域．有限域上射影空间、仿射空间的几何学是 20 世纪重要的研究课题．

• 由局部到整体的推广．局部欧氏空间可以拼接成各种流形．

• 在数学中常用的空间．随着泛函分析的发展，许多以函数或算子为背景的抽象空间应运而生，成为分析研究的新对象（几何化的分析），它们都构成二级大学科．如希尔伯特空间、巴拿赫空间、赋范空间、弗瑞歇（M. Frechet, 1878—1973）空间以及另一方向的核型空间、桶型空间等一般的拓扑向量空间．从另一角度看，可以看成拓扑空间及线性空间杂交的产物，在分析中有重要的应用价值的有索伯列夫空间、哈代空间以及有关的空间和各种推广．

• 纤维丛和纤维空间．以黎曼空间或微分流形为底，在空间每一点再接上某类空间（纤维），这样就可以得到纤维丛或者纤维空间的概念．随纤维之间的变换不同，可以在纤维丛上定义仿射联络、射影联络、黎曼联络等而不必考虑度量，这种纤维丛联络在规范理论中起着巨大的作用.

• 最一般的拓扑空间. 当空间摆脱了度量及范数之后,就变得比较抽象. 空间中点与点的关系可通过邻域或开集、闭包来定义,最常见的是豪斯道夫(F. Hausdorff,1868—1942)空间. 常见的空间都是豪斯道夫空间,但代数几何学中还有一种非豪斯道夫的拓扑,即查瑞斯基(O. Zariski,1899—1986)拓扑. 对于拓扑空间还有种种推广,如一致性空间、接近空间(Proximity Space)以及上百种拓扑空间的推广,从中已经看不到一点通常空间的直观了. 如果说数的推广我们还能理解,空间这种无穷无尽的推广已经使我们感觉不到一点具体形象了. 几何学由具体直观的学问已变成十分抽象且难以捉摸的东西了.

(3) 函数

函数的概念是数学中第一个抽象观念,开始时只是由一些公式所表现的数与数之间的对应关系. 19 世纪以前主要的研究对象就是这种初等函数及少量的特殊函数. 当这些函数不够用时,出现更一般的表示——拉格朗日的解析函数与傅里叶的三角级数表示. 高斯的超几何级数概括的一大类函数在当时已够用. 当时研究最多的是椭圆函数和阿贝尔函数,没有人研究太一般的函数. 一直到 19 世纪 80 年代庞加莱才引进自守函数这种最广泛的函数类. 应该说把函数当成一般对象始于 B. 黎曼(B. Riemann,1826—1866)及 K. 魏尔斯特拉斯(K. Weierstrass,1815—1897),他们在实函数论中引进处处不可微的连续函数,在复函数论中引进奇点理论,处理一般的整函数、亚纯函数及多值函数. 从实用观点看,一般的函数被看成是无聊的研究工作,如埃尔米特对没有导数的函数和不可微曲面表现出极度的恐惧及反感. H. 勒贝格(H. Lebesgue,1875—1941)在他的《工作介绍》中写道:"……我怀疑埃尔米特最终是否完全原谅我的《关于可映射到平面上的非直纹曲面的短论》,他必定认为,使自己在这种研究中变得迟钝了的那些人是在浪费时间,而不是从事有用的研究."①实际上勒贝格理论后来在概率论、调和分析、泛函分析、遍历理论以及谱分析中都是不可缺少的基础. 这种推广对应用也是必要的,因为 R. 布朗(R.

---

① M. Kline,《古今数学思想》中译本,上海科学技术出版社,1981,第 4 册,第 130-131 页. 原译文不妥之处这里已改动.

Brown,1773—1858)运动的粒子轨线就是几乎处处不可微的,一般的整函数论也使 J. 阿达马(J. Hadamard,1865—1963)得出他的素数定理的证明. 推广证明一般函数论存在的合法性,导致更精致的推广的产生. 最精致的推广是整函数及亚纯函数的值分布理论:毕卡大定理由整函数推广到亚纯函数,由全平面推广到角域,最后由定性变成 R. 耐凡林那(R. Nevanlinna,1895—1980)的定量形式,最后向更广的函数类进军. 另一个推广方向是外尔父子的亚纯曲线理论. 从 20 世纪 70 年代起,值分布理论向多复变函数论推广.

函数论还有许多推广,三角级数一方面可以推广成各种正交函数,另一方面可以推广成概周期函数. 从定义域来看,多元三角函数有着相当多的困难,而李群上的调和分析有着极为漂亮的成果,成为现在蓬勃发展的抽象调和分析.

共形映射推广成拟共形映射,成为 20 世纪 50 年代以来单复变函数论最富有吸引力的学科之一. 解析函数可推广成拟解析函数及广义解析函数,也有不少研究. 但真正富有成果的推广是广义函数或分布,它是现代分析不可缺少的概念及工具.

1.5.2 不断严格地追求

最初的一些概念往往来源于直观,而数学家则要研究这些概念是否合乎逻辑,有没有矛盾. 数学家开始对于收敛及发散、连续与可微等做了严格定义,这些概念严格化后,又要进一步对于实数、测度、积分、维数、曲线、曲面等概念进一步阐明,使之更加严格化.

柯西是真正使数学分析严格化的第一人,他同时代的两位大数学家阿贝尔及 P. 狄利克雷(P. Dirichlet,1805—1859)也是推进数学分析严格化的人物. 他们几位可以说是真正现代数学家的楷模,真正把"严格化"变成数学家工作的最基本的要求. 不过有着实用精神的科学家、工程师因为实际问题的需要照旧不理"严格化"的要求. 典型的例子是英国电机工程师 O. 亥维赛德(O. Heaviside,1850—1925)发明的算子演算(operational calculus)[①]和英国著名物理学家 P. A. M. 狄拉克(P. A. M. Dirac,1902—1984)发明的 δ 函数. 而数学家的任务就是

---

① 有人译成运算微积,实属大错.

如何把这些东西"合理化". 比如 L. 施瓦兹(L. Schwartz, 1915—2002)就是把以前种种的广义解、广义函数(包括 δ 函数)概念统一成漂亮的分布理论(1950, 1951)而使之成为现代数学,特别是偏微分方程理论的基础.

19 世纪数学分析的严格化并没有使莱布尼茨的"无穷小量"合法化, 而是通过魏尔斯特拉斯的算术化把无穷小量丢掉了. 一直到 1961 年美国逻辑学家 A. 罗滨逊(A. Robinson, 1918—1974)才又把无穷小量召回. 无穷小分析现在只能委屈地被称为"非标准分析". 虽然非标准分析在数学及理论物理中的确还有些用, 不过大部分用惯了标准分析的数学家还是不予理睬, 因为没有非标准分析理论也行.

实际上, 大多数数学家以及几乎全部应用数学家奉行的哲学是"实用主义"原则, 只要数学适应、有效, 是否严格化不需要过多地计较. 但是有一部分数学家则认为, 给自己的科学一个牢固可靠的基础是数学家责无旁贷的任务. 不管外人怎么想、怎么说, 他们给自己找了一大堆问题, 并且从中产生了一门新的数学学科——数理逻辑, 同时对于什么是数学基础进行哲学上的争论. 当然这些研究对某些数学问题的解决有着推动作用, 而且也为计算机科学奠定了基础. 但大部分基础的研究对于专家以外的人是没有什么意义的. 这种热衷于学科基础的建立的现象在其他学科较少见到, 这也可以说是数学家特有的思想方向.

1.5.3　一点一点地逼近

数学文献中存在大量未完全解决的问题. 当然, 由于任何数学问题都可以无穷无尽地推广, 只有个别问题的解决可说成是"相当彻底"的, 这表现在推广常是平凡的, 它是历史上的重大突破, 对未来的发展有着示范作用. 但是, 对于大多数数学问题, 特别是几十年甚至几百年的猜想和问题, 数学家都是千方百计取得部分结果或较弱的结果. 这类问题成千上万, 它们的中间结果一般只有历史价值, 但实际价值不大. 下面举出两个例子.

一个例子是最古老的未解决的问题——完全数问题. 哪些数是完全数, 现在还不知道. 一个子问题是奇完全数猜想: 没有奇完全数. 现在对这个问题采用两种逼近策略. 一种逼近策略是证明如果有奇完全数, 其数值一定大于某数, 现在的纪录是 10^{80}. 还有一种逼近策略是证明奇完全数因子数大于某数.

另一个例子是比勃巴赫猜想:

单位圆 D 内的单值解析函数 $f(z)$ 称为单叶的,如果 $z_1 \neq z_2$,则 $f(z_1) \neq f(z_2)$.

我们不妨将其标准化,即令 $f(0)=0, f'(0)=1$,这样 $f(z)$ 可以表示为

$$f(z) = z + a_2 z^2 + a_3 z^3 + \cdots + a_n z^n + \cdots (|z|<1)$$

这样的标准化的单叶函数类记为 S. 比勃巴赫猜想就是 S 中的所有函数 $f(z)$ 的系数均满足

$$|a_n| \leqslant n$$

在 1984 年 L. 德·布兰吉斯(L. de Branges,1932 年生)彻底解决这个猜想之前,有很多数学家发表了上千篇论文研究这个问题. 他们都是从各个角度一步一步地逼近这个问题,然后得出局部结果的,方向很多,下面列举几条研究路线:

(1) 一个系数一个系数地前进. L. 比勃巴赫(L. Bieberbach,1885—1982)首先证明 $|a_2| \leqslant 2$,1923 年 K. 娄纳(K. Löwner,1893—1968)证明 $|a_3| \leqslant 3$,到 1972 年证明 $|a_5| \leqslant 5$(1968 年已证明 $|a_6| \leqslant 6$). 只完成了前 6 个系数的证明,后面的每一篇论文都包括极为烦琐的计算. 这样下去,虽然也会有一个一个新纪录出现,但是不太能最终解决问题.

(2) 相反的方向是对充分大的 n 证明比勃巴赫猜想,最好的结果是 W. K. 海曼(W. K. Hayman)在 1955 年证明: $\lim_{n \to \infty} |a_n|/n = a \leqslant 1$,等号只限于寇贝(P. Koebe,1882—1945)函数.

(3) 证明较弱的一般结果: $|a_n| < cn$,这里尽量让 c 接近 1. 这方面的第一个结果是 J. E. 李特尔伍德(J. E. Littlewood,1885—1977)在 1925 年得出的,他证明 $c = e$(自然对数底),其后有几百篇论文沿着这个方向改进,就好像运动员打破别人的纪录一样,只要小数点后面第三位甚至第四位有些改进,就可以写篇论文. 就这样,到 1984 年,c 已经到达 1.06……

(4) 对 S 的子类证明. J. 丢东涅(J. Dieudonne,1906—1992)在 1931 年一举证明了猜想对实系数的单叶函数成立,其后又对星形函

数类等子类做出了证明.

这种千方百计从各个方面逼近经典问题成为许多数学家的思想方向.

数学家的思想方向还有公理化倾向,对于公理的条件添加或减少、增强或减弱,看看得到什么结果等.但这里所讲的思想方向是指数学发展的流向,而不是数学家平常应用的方法或技巧.通过对数学家特有的思想方法的考察,可以使我们对数学有更进一步的理解,从而了解数学概念、数学理论、数学问题及求解的来龙去脉,而不致在抽象神奇的外表之下,感到神秘莫测了.

二　社会需要数学

数学来源于社会实际,它与社会有着天然的血缘关系.经过纯粹数学家的净化,似乎数学已成为只有少数人才能理解和掌握的一门学问.可是当广大群众对数学的理解深入之后,数学潜在的社会功能就会发挥出来.正如美国的 E. 戴维(E. David)在报告中所指出的那样:数学是一种潜在的资源.当你挖掘这个资源时,你会发现数学的真正价值,你会发现埋在故纸堆中的许多思想,可以成为你解决各种问题的工具,只要你去理解它、掌握它.例如,J. 拉东(J. Radon,1887—1956)1917 年的积分变换的论文成为探测肿瘤位置的工具,统计方法成为提高农业产量与工业产品质量不可少的手段.大量的社会实际问题需要数学帮助解决.

从数学的社会功能来看,数学知识形态可以分成:

(1)作为语言(符号)系统的数学.数学的符号系统现在已成为通用的语言,在现代社会中,许多事物均用数学来表征.从基本的度量如长度、面积、容积、重量到门牌号码、电话号码、邮政编码,身体检查如体温、血压、肝功能、血脂检查等,无一不用数学来表示,这只是用数学的符号简明地表示一定的意义.更复杂的运算及函数符号也是通行的,如加、减、乘、除、乘方、开方,sin,cos,log,π,e 等,许多概念难以用通常语言表达或根本无法表达,但完全可以通过数学符号表达,如速度、加速度乃至更一般的微分、积分、变分、行列式、矩阵等.除此之外,更重要的是数学提供了一系列重要概念.有些概念是通过数学运算产生的,它们在实际应用中很重要,但往往并不能由实际观测直接得出,如能、位、势、熵、绝对温标、自由能、容度等.还有一些概念是通过数学加以澄清或精确化和一般化的,其中包括信息量、概率、随机性、复杂性、(广义)熵等. 值得注意的是, 有的词如"正规"(normal)、奇点、空间等在不同场合的含义不同, 必须分情况区别对待. 有人开玩笑讲, 数学里"正规"有 2000 个不同的定义, 所以遇到时只好再定义一遍.

(2) 作为算法系统的数学. 这是应用最广的数学知识形态. 如前所述, 一类是等式数学, 另一类是不等式数学或极值数学. 精确计算是罕见的, 近似计算是大量的. 因此对算法要加以评估, 希望算得又准、又好、又快.

(3) 作为形式系统的数学. 欧几里得几何是最初的形式系统. 现代数学知识大多数采取现代公理系统表述的定理体系, 如群论、域论、同调论等, 其中主要问题是对结构的分析.

(4) 作为模型系统的数学. 数学研究从现实世界抽象出来的各种模型并发现其间的结构及关系.

社会上每日每时出现的大大小小的问题, 需要人们去解决, 但人们常常想不到数学, 甚至连恰当的问题也提不出来. 在这方面, 数学能够帮助你, 它不仅帮助你解决问题, 也帮助你提出问题. 而且只有不断地提出问题并加以解决, 社会才能进步.

2.1 社会生活中的数学

2.1.1 食、衣、住中的数学

食、衣、住是社会生活的基础, 其中有许多可用数学解决的问题, 反过来社会生活也对数学提出新的问题. 长期以来, 吃饭问题是一个大问题, 原来有许多人还在饥饿线上挣扎时, 数学也用不上. 饥饿问题解决后, 从个人来讲, 还有营养问题; 从全国来讲, 有各种粮食转化问题.

可是, 当需要食物有营养, 以及促进体力的恢复或发展时, 数学也就开始起作用. 对于运动员的食物以及伤病员的食物, 需要有极精确的计算来保证营养平衡, 以及如何才能使运动员的体能达到最优. 对于宇航员也有类似问题, 这种数学问题涉及数学规划以及概率统计. 另一方面, 食物也好, 药物也好, 还有如何消化、吸收等运动学及动力学问题, 这是一个极为复杂的方程. 所以即使是"吃"的问题, 其数学问题也是颇为可观的.

衣不蔽体的时代谈不上有关于衣物的数学问题.开始衣物缝制时,已有节约用料问题.大规模生产衣物时,更出现许多数学问题.例如,下料问题,即如何生产更多的衣物而使边角废料最少,它的抽象数学问题还远未解决.例如把一个长方形分解为两种或两种以上图形,这是数论中的一门学问,极为困难.大规模生产中另一个与上述有关的问题是人的体重及大小,人的脚型及大小,每一种衣服、鞋应该生产多少,这都是统计学问题.对于讲究时髦及美的时装设计者而言,一个基本的微分几何问题便是如何贴合裁制.人体不是可展曲面,解决这个问题颇为困难.至于多种式样、多种设计,它们是否"一样",这也是一个数学问题,怎样断定一个设计是"新"的,是设计者的"专利",这在某种意义上也是数学结构的分类问题.

建筑房屋也与数学密切相关.对于世界第一人口大国来讲,存在怎样利用土地,房屋增长率如何跟上人口增长率的问题.房子向高空发展,存在采光限度问题.楼房越高,楼与楼之间的距离也要加宽,什么是最优化的安排?至于一个楼内的合理布局更是重要问题.这些问题都是系统工程,需要数学来帮助解决.

住房之外还有搬家问题,搬家也有许多数学问题.国外有个"钢琴搬运工问题",这个问题现在发展为机器人或者"运动计划"问题.即一架钢琴从位置 Z_1 到位置 Z_2 是否存在连续无碰撞(与其他物体接触)运动.如果存在就选一条最优路线.这个问题需要许多数学工具,复杂情形还要用计算机.

由此看来,即使是最基本的食、衣、住的问题,也有许多数学问题,有些问题还是很不简单的.反过来,在现有条件下,如果能深入挖掘数学潜力,许多日常生活问题也可以得到较好的解决.

2.1.2 城市社会生活与城市规划中的数学

近代化最明显的特点就是伴随工业化的城市化.1800 年城市人口占总人口不到 2%,1900 年也不到 5%,1980 年左右已超过 50%.而且工业化越迟的国家,城市化的速度就越快.自发的城市化过程带来一系列社会问题:住房问题、就业问题、环境问题、疾病传播、交通拥挤,公共设施及公用事业跟不上会形成恶性循环.这极大影响城市居民的生活质量.随着城市化的迅猛发展,有效的城市管理及城市规划必定要提到议事日程上来.需要从系统的、长期的观点考虑这些问题,在这方面,数学还是大有作为的.

(1)城市的最优规划问题

城市按照其功能可分为生产型、港口型、旅游型、文化型、社会政治中心型等,每种类型都有它的最优选择.

(2)公用设施布局的最优化问题

现代城市是一个巨大的网络系统,道路网络、电信网络、供电、供水、供热、供气等各种网络纵横交错.每个大城市的交通问题都是令人头痛的问题,但从数学上来讲也是能够比较好地解决的.

(3)公用生活事业的合理布局问题

城市生活对社会依赖性很大.每个居民社区要求配备一定的公共机构,如医疗卫生机构、教育机构、文体活动机构、商业设施、服务业设施、行政管理机构等,它们的合理配置也是数学规划问题.

(4)城市的发展方向

高层化当然是方向,但是总有个限度,从时间、空间和经济学等方面全面地考虑,也是重要的数学问题.

2.1.3 社会经济生活中的数学

数学进入社会生活的领域是从经济方面特别是一些交易开始的.自古以来,简单的算术和比例关系就在等价交换中出现.随着货币的出现及商业的日趋发达,商业算术自然得到普及与发展.即使到现在,商业算术也是我们使用最频繁的数学.数是数量的符号,货币是价值的符号,在货币的交换及流通过程中,这两种符号自然出现更复杂的关系.常见的有利息率(单利、复利)、汇率、债券利率、贴现率等,这些数学虽然很简单,但是它们同整个经济有密切的关系,而且它们的变化趋势及其同各种经济因素的关系也是相当复杂的过程.法国数学家 L. 巴夏利埃(L. Bachelier,1870—1946)在 1900 年从投机现象中首先得到维纳过程即布朗运动的数学公式,比爱因斯坦从物理上的研究还要早五年.

金融业另外一个大行当是保险业,从保险数学这个词已经有百年以上历史就可知道数学同保险业的关系是何等密切.保险业最早是从海运业开始,现在保存的最早的保险契约是 1329 年 4 月签发的从意大利热那亚运往突尼斯的一批羊毛和皮货的保险单. 1424 年在意大利热那亚成立了世界上最早的保险公司,也是专营的海上保险公司. 最早的人身保险也是海上保险的内容,只不过它不是现在意义上的保险,而是为海上贩卖的奴隶所设的. 现在的人身保险、养老保险则是 15 世纪末以后出现的. 数学家帕斯卡在 1654 年已经得到在可靠数据基础上人寿保险的公式,不过那时还没有可靠的人口统计表. 第一张人口统计表是英国天文学家 E. 哈雷(E. Halley,1656—1742,哈雷彗星以他的名字命名)在 1693 年发表的,为人口统计学——社会统计学奠定了基础,其后陆续出现了更完备生命表(包括结婚、出生、疾病等项内容),使保险机构有可靠的依据. 19 世纪初,英国天文学家 E. 贝利(E. Baily,1774—1844)研究生命表与保险的关系,于 1813 年出版了《生命年龄与保险统计》一书. 1815 年英国统计学家 J. 米尔恩(J. Milne)出版了《论年龄及人寿保险的估值》一书,被认为是保险数学的开端.

保险制度是为了减少因风险造成的损失,而采取共同承担风险的做法,要使投保人、保险公司都能受益,保险费多少是主要计算课题. 保险费受三方面因素影响:

(1) 事故的概率.

(2) 保险者期望利率.

(3) 承办保险的费用.

在不同情况下,应用不同公式来计算. 这些是比较简单的数学. 20 世纪后,对风险理论有了进一步研究,特别是瑞典统计学家 H. 克拉姆(H. Cramer,1893—1985)等奠定了集体风险论的基础. 他在 1918 年已开始在保险公司工作,开始研究风险数学的某些问题,把风险同随机过程理论联系起来,从而得到双方都有用的结果. 这样把保险数学推进到了一个新阶段.

19 世纪末以来,保险事业更加扩大,从风险保险扩大成社会保险,形成了国家或社会对公民个人福利和家属赡养的一种经济保障制度. 19 世纪 80 年代,德国首相 O. 俾斯麦(O. Bismarck,1815—1898)立法兴办社会保险,1883 年德国开办疾病强制保险,基金由雇员负担三分之二,雇主负担三分之一. 接着又兴办老年保险及失业保险. 英国、法国及美国的社会保险则要晚得多.随着保险事业的发展,保险数学也发展起来,而保险数学发展的主要国家就是德国及瑞典.从 19 世纪末,德国大学中已经设有保险数学课程以及保险数学教授席位,学生学习保险数学可到保险公司任职,这比学术机构待遇要高,给了数学职业一个新的出路.瑞典等国社会福利制度也从这时开始,同时也促使相当数量的数学家研究概率及统计.英国的社会保险虽晚,但拥有历史悠久、规模强大、资金雄厚的保险公司——劳埃德保险集团.该集团于 1688 年开办,至今已有 300 多年历史,是专为大企业服务的,每年承担保险金额 2670 亿美元,相当于英国当年全国国民总产值的一半.由此可见保险业在西方世界经济中的地位了.

由上所述内容可以看出,数学在社会经济生活中不仅重要,而且与通货膨胀、工资、税收、劳动生产率等息息相关.从保险业的发展也可以看出,数学在解决社会经济问题方面是有一定威力的.

2.2 社会生产中的数学

社会生产与科研不同,社会生产有它的例行惯例、常规操作.从数学的思维来看,任何事情都有"最优化"问题,向最优化迈进,生产就会发展,社会就会进步.实际上,数学早已提供了许多成熟的方案和成功的例子,说明社会生产是如何大幅度提高的.

2.2.1 数学与农、牧、渔、林业

"民以食为天",农业、牧业、渔业都是以生物资源为对象,通过栽培、养殖、捕捞等生产过程,为人类提供最基本的生活物资.长期以来,农业生产十分缓慢,直到今天,世界还有许多地方摆脱不了饥荒的威胁,即使是农业先进的国家,农业生产技术的科学化仍是未完全解决的事情,农业的现代化应该至少包含两层意思:一是农业劳动生产率的提高,它集中反映在每一位农业劳动力所能供养的人数上;二是农业劳动效益的提高,它反映在单产的迅速增长上.以美国为例.一位农业劳动力所能供养的人在 1830—1850 年为 4.5 人,1875 年为 5.2 人,1900—1910 年为 7 人,1920 年为 8 人,1930 年为 10 人,1950 年超过 15 人,1955 年接近 20 人,[①]1970 年达 30 人,1980 年达 60 人.而农

---

① 乔治,惠勒,《美国农业的发展和问题》(1956),世界知识出版社,1962,第 57 页.

业总产量的增加,在 1920 年以前差不多都是耕地面积增加的结果,而 1920 年以后几乎都是由于单产(每公顷产量)增加所致.①现在按人口平均粮食产量超过半吨以上的国家只有十几个,其中超过一吨的只有澳大利亚、加拿大、丹麦、美国、匈牙利、阿根廷等.它们之所以有这样的成绩当然是农业科学技术发展的结果,其中也包括数学的作用.

提高劳动生产率主要靠机械化,拖拉机也是从 1920 年以后逐渐普及的,到 20 世纪 50 年代末其他各种作业也都陆续机械化.由于机械化,经营大农场的问题就成为系统分析、运筹、节约能量以及提高投资效益的问题,这些当然是数学问题,到 20 世纪 80 年代用电子计算机管理农场也相当普及.对于劳动生产率低的国家,为了解决机械化问题,还需要数学的帮助.

提高单产的因素非常之多,因此数学也大有用武之地.实际上,先进国家的主要先进之处在于运用科学及数学来减少盲目性.农业生产原始阶段是自然阶段,主要靠天吃饭,干活靠卖力气,这时增产的因素是气候、土壤、灌溉、施农家肥、精耕细作、不违农时,不过收成如何只有天知道.即使在这时数学也能派上一些用场,弄清产量与各种因素的相关性,它们如何配合使用,也还是能够有些进步的.从 20 世纪 20 年代起,农业进入人为干预阶段,在这个阶段数学起了重要作用.由于科学的进步,现代农业增产的三大要素产生:首先是 1920 年起工业生产的化肥,特别是氮肥.其次是化学杀虫剂及除草剂的运用,则是良种培育.良种培育使单产有三次大突破.第一次是 1921 年起在美国推广的双杂交玉米,达到大面积增产 3~4 倍,现在仍在改良中.第二次是 20 世纪 40 年代起 N. E. 布劳格(N. E. Borlaug,1914—2009)所研究的矮秆小麦,亩产可增 4 倍以上,初步解决一大批国家的吃饭问题,被恰当地誉为绿色革命.第三次是 20 世纪 60 年代选育的杂交水稻,使得印度、巴基斯坦等人口众多的大国初步解决了温饱问题.

在这里数学起什么作用呢? 一是数学能够帮助认清什么因素占主要地位,而不是眉毛胡子一把抓,分不清主次.历史及现实的经验很明显,良种是增产的关键.二是数学能够教会育种学家如何最有效地

---

① 同上,第 79 页.

进行试验,这个先进的方法主要来源于 R. A. 费舍尔(R. A. Fisher, 1890—1962). 试验设计大大简化了设计所需的时间,使良好的方法很快得到推广. 三是数学能够因地、因人、因季节安排好最佳的程序,使得土地得到最有效的利用,得到最高的产量. 特别是数理统计学的发展及应用加上遗传育种技术的进步,都起着关键的作用.

除了农业所用到的数学技术之外,渔业还有自己的特殊的数学问题,最简单的是 1931 年意大利数学家 V. 沃尔泰拉(V. Volterra, 1860—1940)为了解释亚德里亚海捕捞的收获量周期性涨落而设计的模型,即所谓生存竞争方程,也称为洛特卡(A. J. Lotka, 1880—1949)-沃尔泰拉方程,这是一个自然状态下鱼群消长的方程. 但是,20 世纪 20 年代起,特别是第二次世界大战之后,工业化捕鱼使渔业资源开始衰退,由此而产生如何适度捕鱼而不致使渔业资源枯竭的问题. 20 世纪 40 年代后期已开始对捕获鱼类数量、年龄、类型进行统计分析,然后运用数学方法,预测今后的产量,并提出最优的捕捞措施.

类似的问题对于林业也很有意义. 乱砍滥伐已经成为当前世界的一大灾难,不仅木材资源遭到破坏,而且对环境的影响将造成无法挽回的损失. 数学方法可提供最佳砍伐方案. 在清查森林资源方面,普查是根本办不到的,必须采用抽样方法. 数理统计的先进抽样理论及技术和先进的航空及卫星测量等技术手段再加上电子计算机的运用,使得清查问题能顺利解决,为林业规划打下基础.

2.2.2 数学与工业

近代社会的进步主要依赖于工业的发展,而工业的基础是原材料及能源. 最原始的材料及最基本的能源——煤、石油、天然气都是靠采矿工业. 采矿工业也是最原始的工业. 早在 14 世纪人类已经有组织地进行煤矿开采,但一直到 19 世纪中期,煤才代替木材成为主要的工业燃料. 100 年之后,虽然许多地方用石油代替了煤,但煤仍然是一种主要能源. 铁矿及各种有色金属矿藏的开采至今仍然在国民经济中占有重要地位. 在采矿工业中,矿床大小及储量的估计是数学的用武之地. 对于不定形状物体的计算是通过积分的近似计算来进行的. 在矿井设计中,数学也能起重要作用. 数学能为矿下工人设计出最优的工作条件及工作秩序,使得产量、工效及安全都能得到保障. 运用运筹方法可以使运输路线处于最优位置,而且与外界的运输系统以最佳方式联系起来.这些问题也要考虑生产的进度,不致因车辆开不出去而影响生产进度.

  石油及天然气是当代最重要的能源,同时也是重要的原料.工业开发石油、天然气实际上是近百年的事.虽然 1859 年就已经钻出世界第一号油井,但是内燃机出现之后石油工业才得以迅速发展.特别是在 20 世纪 50 年代中东发现大油田后,石油供应充足、价格便宜,成为日本等国经济高速发展的动力.其后,北海等地又发现海上石油,这对英国、挪威的经济发展也极为有利.如何找到石油已成为各国工业发展的重要问题.

  勘探石油首先是地质学问题,然而判定储量及有无开采价值就成为数学问题.如何打井以及根据尽可能少的数据估计油(气)储量是一个抽样理论以及估计理论的问题,也有相关的几何问题.已经开采的油田的运输问题也是数学问题.如果用输油管,管线设计以及加压站安排都存在最优化问题.另外还有储藏的问题.储罐的设计容量及形状都需要数学.储罐是小而多还是大而少,分布是稀是密,这些都是数学可以发挥作用的地方.

  工业化的灵魂是机械,机械的设计与改进给数学提出了许多问题,许多问题已成为数学研究的一部分.机械制图实际上是一种应用数学,19 世纪以前就是数学的一部分.机械制图的基础画法几何是射影几何学的一个分支,也是大数学家蒙日的创造.工程人员尽管把投影几何(射影几何)称为"头痛几何",但谁也不能无视其规则和存在,因为工程图作为数学的一部分,是工程师的语言.机械力学当然也少不了数学.就是纯粹机械的问题,也有不少数学难题.瓦特的蒸汽机是一个不简单的连杆机构,有名的瓦特平行四边形把活塞同飞轮连接起来,使飞轮的旋转运动变成活塞的直线运动.瓦特的解只是近似的,是否存在一个连杆能推动一点做精确直线运动? 19 世纪许多数学家都未能解决这个问题.受到数学上许多不可能问题的影响,有一个时期,许多数学家像阿贝尔一样开始从反面来考虑问题.最后,1864 年法国海军军官 C. N. 帕西里叶(C. N. Peaucellier,1832—1913)发明了一个简单的连杆,最终解决了问题,当时引起了轰动.后来 A. S. 哈特

(A. S. Hart,1811—1890)发明了另外一种连杆,解决了同样的问题.

机械传动最重要的方式是齿轮传动,它利用齿轮轮齿相互啮合,以传递运动和动力.对齿轮的要求是传动比大、结构紧凑、效率高等.最关键的是齿轮的轮廓曲线的设计.早在16世纪,达·芬奇(Leonardo da Vinci,1452—1519)就花了很多时间研究齿轮传动比和理想的齿形.其后数学分析使效率大为提高,特别是20世纪60年代苏联诺维科夫用微分几何对齿形做了很大改进.

随着高效率、高速旋转汽轮机的发展,需要研究一系列数学问题,特别是叶片的几何形状和加工方法.第一个在蒸汽涡轮的汽轮机取得突破的是英国发明家 C. A. 帕森斯(C. A. Parsons,1854—1931),他曾在都柏林大学及剑桥大学学习数学,他的数学才能使他成功地处理了高速叶轮旋转的力学问题,19 世纪末先后为英国和德国制成最大的汽轮发电机组.从那时起,通过对叶片剖面形状及尺寸不断改进,热效率不断提高,发电功率也迅猛增长,100 年间增加 20 万倍.

无论对社会生活还是生产,电的产生及分配都起着关键的作用.虽然早在1831年M.法拉第(M. Faraday,1791—1867)就发现了电磁感应现象,但真正大规模输变电系统的产生要等到五六十年之后.除了社会、经济、技术原因之外,数学也起了巨大的作用.第一次进步是直流变成交流,第二次进步是单相交流变成三相交流.只有这样,发电机—变压器—电动机的系统才最终完成.对于电工学,复数表示及向量分析以及线圈设计起着不可或缺的作用.在第二次世界大战之前,电工是学数学最多的工科专业.值得一提的是,其中也有一些人改行学数学.到20世纪初,世界开始进入电气化时代,通过工程师、科学家及数学家的共同努力,到20世纪50年代进入自动化时代,它的理论基础更是同数学不可分割.

有了电力及大规模工业生产,工业管理问题变得突出起来,管理科学应运而生.对于工业,质量是关键问题.运用抽样检验及管理图法进行质量控制已成为许多厂家必须遵循的工作程序.这种程序的采用促使产品质量大幅度提高,对产品竞争力大有裨益.

2.3 数学与战争

自从有了人类社会以来,战争一直连绵不断.在 5000 年漫长的历史进程中,战争冲突是远比和平共处更为常见的现象.战争从来没有在人类社会中长时间地停息过.不管出于什么原因打起仗来,战争在改变社会面貌方面的作用要比经济、政治、社会、文化等方面的因素更为显著.近代社会由于长期处于不是热战就是备战的状态,战争和国防在社会生活中受到极大的关注.随着科学技术在战争中作用的增长,战争也相当大地推动了科学技术的进步,这种推动力量远远比生产及社会因素更大.反过来,科学技术在战争中所起的作用越来越具有决定性意义.

组织战争大体分成下面五个方面:

(1)军队的征募、组织训练以及素质.

(2)武器装备的生产、研制与改进.

(3)军事工程、运输、通信联络及后勤.

(4)指挥.

(5)情报.

数学对武器的制造及改进起了很大的作用.弹道学的研究为枪炮改进提供了理论依据.从 16 世纪起,许多数学家是弹道学家.以解三次、四次方程而著名的 N. 塔塔利亚(N. Tartaglia,1500—1557)是弹道学创始者之一,他曾写了两篇炮术论文,想根据动力学理论推导出算表来计算火炮距离,但他缺乏军事经验及火炮的技术知识,基本理论有误.他的有用贡献是发明射手象限仪,这是测量火炮仰角的仪器.一个世纪之后,伽利略才纠正了塔塔利亚的错误.他把火炮作为验证他的数学理论的最好工具,从研究中发现了抛物线理论(1638).但伽利略忽视了空气阻力的作用,牛顿将空气阻力考虑进来,求得了炮弹弹道.不过,炮膛粗糙不平,炮弹与炮膛不配合,炮手在实际操作中顾不上理论.另外,火器制造不统一,飞行弹道误差很大.一直到 18 世纪英国数学家 B. 罗宾斯(B. Robins,1707—1751)的著作《炮术新原理》(1742)才为火炮弹道学奠定了科学基础.他不仅研究外弹道学,还研究内弹道学、终端弹道学,他还改善了 G. D. 卡西尼(G. D. Cassini,1625—1712)发明的弹道摆,使其成为测量弹丸初速度的有效仪器.在考虑空气阻力时,问题化为微分方程组问题,发现炮弹射程 l,最大高度 h 以及飞行时间 T 都明显依赖于炮弹的初速度 v_0,初速度越大(特别超过50米/秒以后),偏差也越大. 但是不考虑空气阻力时,h 与 T 之间有简单关系:

$$h = \frac{1}{8}gT^2$$

这个关系在有空气阻力时仍然相当准确,因而被广泛地应用于弹道学.

到了 19 世纪,武器制造由于冶金及机械的发展而更加精密,使得科学弹道学为武器的改进提供了科学分析的基础. 特别是由滑膛枪过渡到有来复线的枪炮,射程及准确度大大增加,肉眼目测已不可行,需要瞄准装置,同时需要更精确的数学模型. 数学家 E. 库默尔(E. Kummer,1810—1893)、切贝雪夫、李特尔伍德等都研究过弹道学.

第一次世界大战以及第二次世界大战时,计算射击火力表一直是数学家的主要任务,即对于固定规格的炮弹,在一定仰角下,计算射程、高度及飞行时间. 虽然制造炮弹的精确度有很大提高,但重量、火药量有微小差别,射击时仰角也不可能完全一样,从而炮弹初速度及落点服从一种概率分布. 在计算射击火力表时,要进行靶场试验,并用统计方法来改进. 正是第二次世界大战中计算射击火力表的任务极其繁重,刺激了电子计算机的研制工作,最终促使了第一台电子计算机的诞生.

数学在战争中发挥作用的另一重要领域是密码破译、密码加密.

"知己知彼,百战不殆",在实战中了解敌方的作战计划是战胜敌人的钥匙. 从古埃及法老时代就已经开始通信侦察工作. 从马拉松之战到滑铁卢战役的世界史上十五次大决战中,只有一次战役是依靠通信侦察而最终获胜. 公元前 207 年,迦太基统帅汉尼拔给他的弟弟的信落在罗马人手中,使这位几乎打败罗马人的英雄最终失败. 从那时起直到 20 世纪,很少部队是由通信侦察而打赢战争的.

20 世纪初,无线电通信的应用大大改变了各部队之间联系的状况. 过去用有线通信无法联系的舰艇及飞机之类的战斗单位也可以及时互相联系,无线电通信成为指挥协同作战的有效工具. 但是由于无线电波是自由传播的,敌方也比较容易截收,所以密码术和破译术成为通信保密的基础.实际上,在第一次世界大战之前,法国、奥匈帝国和俄国都已建立密码破译机构,当时主要是想破译外交密码.只有在第一次世界大战打起来,德国才开始建立无线电侦察机构.当时德国两面作战,腹背受敌.开始时,俄国已侵入东普鲁士,德皇派 P. 冯·兴登堡(P. von Hindenburg 1847—1934)及 E. 鲁登道夫(E. Ludendorff,1865—1937)指挥东线,他们面对着比自己多一两倍的敌人.鲁登道夫说:"北方的俄国集团军大有'黑云压城城欲摧'之势,只要它从东北方向压过来,我们就会溃不成军[1]."但由于截获了俄国电报,德国人根据这些情报几乎像演习一样在坦能堡包围和歼灭了俄国军队.坦能堡战役是俄国人走向失败和引起国内革命的第一步.这是历史上由无线电侦察而取得的头一个军事胜利.以后,俄国人把他们的电报加密,但德、奥的密码破译机构一个接一个地破译,使他们在东线屡战屡胜.总之,密码被破译是俄国人军事失败的决定性原因.在南线,奥地利人破译了意军的最难破和最保密的密码,从而在卡普莱托血战中获胜.

在西线情形倒过来,法国人破译了德军密码,处决了马塔·哈利(Mata Hari,原名 G. M. Zelle,1876—1917,国籍不明的舞女,关于她是否是德国间谍,史学界一直存在争论),特别是 1918 年法国破译了更多德军电报,使协约国有效地制止了德国 1918 年的攻势,最后使德国彻底失败.德国失败的转折点是因为美国的参战,美国的参战打破了"西线无战事"的僵局,而使美国参战的直接原因则是英国破译人员破译了著名的 A. 齐默尔曼(A. Zimmermann,1864—1940)的电报.实际上,德国实行无限制潜艇战,1915 年 5 月击沉卢西塔尼亚号,使百余美国平民丧生而引起美国人抗议,但美国人当时没有参战,但对协约国的供应日益加强.德国如果将所有供应舰船击沉,势必得罪美国,最终会导致美国对德宣战.为此,当时德国外交部部长齐默尔曼以帮助墨西哥收复 1846 年被美夺去的从德克萨斯到太平洋北岸大片领土(占当时墨西哥领土近 50%)为诱饵,要求墨西哥对美宣战,好把美国

---

[1] 《密码与战争》,群众出版社 1984,第 9 页.

拴在美洲.这个绝密电报被英国破译后,美国朝野震惊,连因标榜"他使我们避免战争"孤立主义而重新当选的威尔逊总统(W. Wilson, 1856—1924,美国第 28 届总统,任期为 1913—1921 年)也不得不请求国会支持美国对德宣战.美国的参战打破了西线的僵局,为协约国胜利做出贡献.

第二次世界大战中有许多战役更是因密码破译而取得决定性胜利,而不能破译的一方就只能一筹莫展.这方面的例子很多.1941 年底到 1942 年初,德国破译人员破译了美国驻开罗使馆武官的密码,而得知英军的计划,德国在北非的指挥官 E. 隆美尔(E. Rommel,1891—1944)迫使英国人后退 300 英里,德国人几乎推进到亚历山大.后来美国人更换了密码,德国人再也破译不了了,统帅部摸不清英军的动向,B. L. 蒙哥马利(B. L. Montgomery,1887—1976)用"明修栈道、暗渡陈仓"的办法,最终在 1943 年把德军赶出北非.

在东线及海上,德军的通信侦察工作也是最重要的情报来源;在战争初期和中期,德国海军破译密码机关破译了英国皇家海军及商船队的密码,德国海军经常事先得知英国舰船航线而把它们击沉.但后期德国密码机构对盟国的密码越来越没有办法破译.

在盟国方面,A. 图灵(A. Turing,1912—1954)等破译德军密码,以及美军破译日军密码,在中途岛海战大胜日军和后来击落日本海军主将山本五十六的座机,更是众所周知的数学在战争中起主要作用的事件.

数学在战争中的作用当然远不止这两方面,不过由此可见一斑.

三　数学推动科学发展

不管怎么说,数学最大的社会功能是推动科学发展,而科学发展则是现代社会进步的主要动力.从300多年前近代科学诞生之日起,理论思维同实验观测这两大要素的结合是科学发展的主要因素.在理论思维中,数学思维占有重要地位,它使物理概念精密化、定量化,它以自己特有的思想——不变性、对称性、极大极小原理——得出新的物理量以及守恒律等数学规律.而在实验观测中,使用先进的方法推算结果、进行数据处理和揭示经验规律都是重要的数学手段,数学就这样推动了科学的发展.

更重要的是,数学思维以及科学对社会进步起到巨大的推动作用,而社会进步也反过来发展了数学.虽然没有一件历史上的重大事件是直接同数学的进展与数学家的参与有关联,但有三次大的社会进步与数学关系密切.第一次是牛顿的科学革命,牛顿用数学描绘统一的宇宙图景,做出科学的预言,使科学成为社会上举足轻重的要素,成为18世纪启蒙运动及社会革命的思想上的先导.麦克斯韦的电磁理论也是数学与实验结合的产物,不过它更多的是推动人类走向新的电气化技术时代.数学与物理学、化学、天文学、地学、生命科学以及工程技术相结合,成为推动科学技术进步的动力之一.

第二次是达尔文的进化论影响他的表弟F.哥尔顿(F. Galton, 1822—1911)发展相关及回归的概念,孟德尔对遗传规律的发现与再发现更促进数理统计的建立及发展.统计思想及统计方法有着最广泛的社会应用,其中数学提供了理论基础.而统计应用的广度、深度以及正确与否直接影响着工业、农业、国防以及科学技术的进步.统计数学也成为研究社会最重要的工具,没有大量的社会经济统计资料,了解社会、了解国情、了解国际局势是根本不可能的.

第三次也是数学对社会未来有着最大影响的一次,是电子计算机的制造与使用,许多科学家已为我们展示由于电子计算机的普及而导致的社会生活的巨变.这是一次最深刻的科技和社会革命.虽说数学在计算机的发展中所起的作用是一小半,一大半要靠技术进步,但数学大大促进了计算机向智能型发展.人类若想计算机为人类社会开创新局面,还要继续依靠数学的巨大潜力.计算机反过来也推动数学、统计以及科学的发展,使我们能更有效地研究社会.

3.1 数学与物理科学

许多科学部门或分支的问题已经转化为数学问题,甚至已经是解微分方程或微分方程组的问题.这时,这门学科的理论问题可以说就是数学问题.在 20 世纪初之前,人们通常把它们归到数学科学的范畴.18、19 世纪最早出现的偏微分方程是波动方程、拉普拉斯方程及热传导方程,整个 19 世纪科学家都在研究它们的求解问题.除此之外,各分支还有许多求解方程的问题,例如:

(1) 天体力学. 天体力学研究天体的运动以及天体的形状. 牛顿力学及相对论使运动问题变成求解运动方程问题. 二体问题已由牛顿解决,其后的主要问题是三体问题. 除了极特殊情形,三体问题没有精确解,为此发展出一系列近似方法,特别是摄动法. 三体问题及 n 体问题已是天体力学的中心问题. 在 18、19 世纪受到许多大数学家的注意. 另一个受到注意的问题是旋转液体的平衡形状,雅可比、庞加莱都研究过这个问题.

实用天文学的中心问题是计算轨道,确定行星在某一时刻所处的位置. 欧拉、高斯发展了轨道计算方法,并由此引出小行星的发现及海王星的预见,这被视为数学的伟大胜利,至今还经常被人引为数学的用处及威力的最好例证. 实际上高斯的名声并不像后来有些人想象的那样来自他 1801 年的《算术研究》,而是来自他发展了最好的轨道计算法,通过三组数据即可确定小行星的轨道,使得他能在 1801 年 1 月 1 日发现的谷神星"消失"之后,指出它后来的位置. 他的方法于 1809 年发表,至今仍然在使用,经过适当改进后编成程序,使轨道计算自动化. 科学的重要功能在于其预测力. 海王星的发现是由 U. J. J. Le 勒未里埃(U. J. J. Le Verrier, 1811—1877)和 J. C. 亚当斯(J. C. Adams, 1819—1892)先运用数学做出预测, 再通过望远镜发现的. 随着人造卫星的发射, 卫星轨道的确定也是一个数学问题. 因为人造卫星公转周期短, 不仅要考虑周期的摄动, 还要考虑长期摄动对于轨道计算进行修正, 这也是数学在天文学上的重要应用.

(2) 流体力学. 理论流体力学的主要问题是求解黏性不可压缩流体的运动方程组——纳维尔-斯托克斯方程. 虽然求解问题没有彻底解决, 但已通过一系列数学近似方法来处理各种实际问题.

流体力学另一个中心问题是湍流, 数学家对此做出许多贡献. 特别是 1971 年 D. P. 儒耶(D. P. Ruelle)及 F. 塔金斯(F. Takens)提出的理论, 开创了混沌理论的新局面.

随着航空航天事业的发展, 空气动力学提供了一系列数学问题, 这些问题的解决不仅对航空航天是必不可少的, 而且也创立了不少新的数学领域, 如边界层理论、跨声速的混合型方程.

(3) 电磁学. 1855 年麦克斯韦提出电磁场方程组. 麦克斯韦方程的数学解预示电磁波的存在, 这由 H. 赫兹(H. Hertz, 1857—1894)的实验所证实, 当然这也是数学理论的重大胜利. 数学的应用并不到此为止, 无线电波(特别是微波)的传播与器件的设计(如波导管)都要在不同条件下求解麦克斯韦方程.

物理科学中的数学问题并不都是解方程之类的计算. 数学的结构理论在物理学中也有着决定性的作用, 从晶体分类到基本粒子分类都可以说是数学的胜利.

晶体分类是固体物理学与化学研究的基础, 任何晶体含有三个独立的向量, 它们生成空间格, 按照格向量长度(模)a、b、c 及它们之间的角度 α、β、γ 不同, 空间格可分为七个晶系, 格向量生成的 $\mathbf{R}^3$ 的运动群称为格群, 而 $\mathbf{R}^3$ 的运动群中含有的三个独立平移的离散子群称为晶体群. 格群是某晶体群的正规子群, 其商群称为点群, 通过群论可以确定出点群共有 32 个, 空间群共有 230 个, 这是科学家经 19 世纪半个多世纪的努力最后得出来的. 通过对晶体点群及空间群的确认, 科学家完成了对它们的完全分类. 点群的结构及特征均已确定, 成为描述晶体结构的基础.

群论对于分子、原子、核及基本粒子的分类也是关键.对于基本粒子,已知四种相互作用或"力",即强相互作用、电磁相互作用、弱相互作用及引力相互作用.爱因斯坦及 H. 外尔(H. Weyl,1885—1955)都企图统一处理每种基本粒子的场,由于历史局限性未能成功.外尔引进规范变换的观念.杨振宁和 R. L. 密尔斯(R. L. Mills,1927—1999)于 1954 年引进规范场论,但在当时并未受到重视.电磁相互作用可用李群 $U(1)$ 的表示来处理,弱相互作用可用 $SU(2)$ 的表示来处理.1961 年 M. 盖尔曼(M. Gell-Mann,1929—2019)等人提出夸克理论,用 $SU(3)$ 的表示即八重法来处理强相互作用.后来弱电统一理论[$SU(2)\times U(1)$]的成功促使科学界以 $SU(5)$ 作为大统一理论的分类群.近年来随着超弦理论的发展,过去只在纯粹数学中用到的 $SO(32)$ 以及 $E_8\times E_8$ 成为规范群,消去了反常现象,可能成为超统一理论的基础.

除了规范理论外,扭子理论使相对论与量子论相结合.20 世纪在物理学思潮方面发生了两次革命.第一次革命是相对论,它植根于当时时空本性的思想,它给我们提供的世界图景是四维实微分流形,具有一个伪黎曼度量,其符号为(+---).第二次革命是量子理论,它比相对论更根本地改变我们对事物的看法,它已完全不再适于构成图像.从而,复数域 $\mathbf{C}$ 第一次在基础和普遍的水平上被带到物理学中,不仅仅作为一个有用而且漂亮的工具——就像以前复数在物理学中的许多应用那样,而且处于物理学定律的根本基础上.因此,基本的物理状态形成的复向量空间,实际上是希尔伯特空间.从而,一方面我们有时空几何学的实流形图像,另一方面我们有复向量空间观点,根据这种观点,几何图像注定是复流形.这样就形成空时的扭子理论.

3.2 数学与生物科学

生物科学号称 21 世纪的科学.实际上,自从 20 世纪 50 年代初,分子遗传学取得巨大突破——F. 克里克(F. Crick,1917—2004)、J. 华生(J. Watson,1928 年生)得出基因结构模型以及 DNA-RNA-蛋白质的中心法则——之后,生物科学已经取得丰硕成果,在高新技术中也占有一席之地.其中,物理及化学的深入最重要,数学、统计学、计算机也助了一臂之力,而且还必定有更巨大的潜力有待发挥.

生物科学及其与数学的关系之所以重要,有三方面原因:

(1) 生物科学的发展对于人类的前途及其环境有至关重要的影响.基因工程不仅可以极大地改良农业畜牧业、战胜疾病,而且对于人类自身的改进负有重大责任,现在人的 10 万个基因只解读极少一部分,科学家已在联合攻关、解决这些问题,这不仅需要生物科学,科学家需要数学.

(2) 生物科学正逐步变成定量的理论科学.长期以来,生物学被认为是描述性、观察性的科学,其理论进化论也带有哲学的思辨性质. 19 世纪后期,实验生物学首先给生物科学带来物理科学的内容,同时逐步运用数学方法,特别是发展了统计数学,这不仅对生物科学有好处,也大大丰富了数学的内容.

(3) 生物科学的成功发展,使它正在成为社会科学发展的样板.生物体与社会具有许多相似之处:

① 社会各个子系统之间的关系很像人体各器官之间的关系,它们都协调运作,完成整体的任务.社会分工类似于各器官组织的不同功能.从结构-功能观点看,两者非常相似.

② 社会也像生物体一样都保持开放状态,与环境有物质、能量及信息的交换,借以更新自己,达到自我保持的目的.

③ 社会也像生物体一样都通过反馈机制进行自我调节及控制,来保持稳定状态.

④ 社会同生物体一样,对外界环境的变化做出适应性反应.

正是基于这种相似性,从生物体抽象出来一般系统理论,反过来,一般系统理论又运用于生物科学、心理科学及社会科学.特别是近二三十年,不用系统论观点和方法研究社会也被认为是不够科学的,同时数学的方法也在这种框架下加以应用.

虽然恩格斯在 100 多年前说,数学在生物学中的应用等于零,实际上个别的尝试还是有的.早在生物学发展初期,意大利科学家 G. A. 博雷利(G. A. Borelli, 1608—1679) 计算肌肉的力量,英国生物解剖家 J. 凯尔(J. Keill, 1673—1719) 计算血流的速度,拉瓦锡计算肺吸入空气的量,欧拉也写过"心血管的数学原理",但直到 19 世纪末才发表.

不过真正对生物学起作用的是 G. 孟德尔(G. Mendel,1822—1884)在 1865 年发现的遗传定律,这项成就不仅在生物学上是一大突破,而且在数学上也刺激了数量遗传学的发展. 遗憾的是,孟德尔的工作直到 1900 年左右才被许多人重新发现. 至此,生物学与数学才正式地结合在一起.

从达尔文的观点看,微小的连续变化是进化的原材料,供自然选择之用. 但是一般认为新产生的变异经过随机交配而逐渐减弱. 直到 1908 年,哈代与德国医生 W. 温伯格(W. Weinberg,1862—1937)独立证明,按照孟德尔颗粒遗传理论,新发生的变异可以在群体中维持下去,不会减弱,从而可以作为进化的基础. 哈代-万因伯格规则为种群遗传学奠定了基础.

其后许多数学家从方程角度来研究生物学. 特别是沃尔泰拉对于大鱼吃小鱼的情形,得出生存竞争方程,解释了周期性消长的事实. 1939 年 N. 拉舍夫斯基(N. Rashevsky)创办《数学生物学通报》,数学生物学正式成为一门学科.

第二次世界大战前后,数学与生物学相互作用产生一系列新理论. 对生命统一性的认识,细胞的发现提供了动物、植物及微生物的结构基础,细胞在生物学中所起的作用正如原子在化学中的作用一样,成为一种建筑基石,成为一种构造层次. 在其之上的层次——组织、器官、系统直到个体、种群等构成生物世界的阶梯. 对于生命现象系统的认识是当代系统论的来源之一.

人类对于生命现象的共同特征有了基本的理解,物种个体的共性是生长发育及生殖繁衍,对此的研究形成了生理学及遗传学. 随着对生理学的深入了解,我们知道体温、血压、血糖等如何在一个极为狭小的范围之内来调节,这些基本上都是通过负反馈机制进行的. 这些生理现象(自稳态)是维纳控制论思想的来源之一.

孟德尔及摩尔根的遗传学是生物科学最重要的进步及未来应用的起点,正是在这里,数量关系开始进入生物科学. 它圆满地解释了宏观性状及微观因素是如何联系的. 长期以来,人们认为亲代传递给子代的是某种特殊的物质. 现在人们认为传递给子代的是基因上 DNA 的排列、组合方式,也就是信息. 信息观念的发展实际上是与遗传学密切相关的."信息"在生命科学中的第二个用武之地是神经生理学,对此我们所知有限.而遗传密码从20世纪50年代末起已经完全被人类解读了.

生命科学的多样性、复杂性还表现在生物物种的数量、变异以及它们在时间及空间的分布上.人们从孤立地认识它们到认识它们彼此之间的联系是一种极大的进步,这就是1859年达尔文的《物种起源》对宗教的创世说打击特别大的原因.牛顿的科学革命把自然科学传播到自身领域之外,造成巨大的思想及社会影响(理性时代、启蒙主义),但是,尽管大方向正确,进化论仍有许多复杂的问题有待解决.此外,进化论是科学中最重要的"历史性"或"生成性"理论,这种理论与物理、化学中可实验验证的理论差异较大,主要是它代表一种解释,但仍可能有其他解释.

生物在空间上的分布比较复杂,它不完全是静态的,而是随着地球环境的变迁而有大的差异.譬如,对古地理学、古气候学我们仍所知甚少,对物种多次大规模地灭绝的原因也不清楚.但是,生态系统的稳定性问题也类似于太阳系的稳定性问题,这在数学上是有所研究的.而当前应用涉及人工调节及控制,这也是极为重要的控制理论问题.

生命科学对个体从生到死的全过程应有完整的描述及解释,对细胞的分化有相当丰富的知识,而对复杂个体的知识则比较零散.这种理论一旦形成,应该能解释个别细胞的生长分裂如何影响整体,这实际上是系统学的典型问题.

最后,生命科学的最终目的是对生物进行完整的分类.在某种意义上讲,生物学的进步反映在从表面现象的分类到越来越趋近本质的认识.开始生物学将会飞的分为一类,会游的分为一类,后来把鱼和哺乳动物海狮、海象分开,而现在对物种的刻画是它们完整的基因图及全套的生物化学反应体系.

生物科学是一个庞大的领域,经过300多年的努力,虽然积累了大量资料,但许多基本问题仍未能得到解决.例如,什么是生命现象的本质?生命是如何起源的?它是必然事件还是偶然事件?生物进化的动力及速度如何?一般来说这些问题仍处于哲学争论阶段.对于其他问题,一般生物学家持有基本对立的两种观点:还原论观点或系统论观点.这两种观点都需要数学帮忙.还原论把生物体看成一个物理、化学反应体系.系统论把生物体看成一个整体,不是一个简单的反应器,也不是各种化学反应的简单叠加.不管怎么说,生物体至少可以分为五个层次:即分子、细胞、个体、群体、生物系统.而细胞与个体之间还可有组织、器官、系统等层次,细胞与分子之间还有细胞器层次.因此,比物理科学的两层次要复杂得多(物理是物体与分子层次、核与基本粒子层次,化学则是原子与分子两层次).同时,生物科学处理的开放系统比物理科学常处理的封闭、孤立系统要难得多.根据研究的问题所属领域的不同,生物科学可分为五大块:形态学(细胞学、组织学、解剖学)、生理学、生化学、遗传学、发生学.每一层次、每一部分都出现大量的数学问题,也用到各种数学工具.许多问题也成为专门的研究领域,如沃尔泰拉的生存竞争方程.更一般的神经传导方程(抗原-抗体方程、生物群体消长方程均可包括在内):

$$\frac{\partial u}{\partial t} = D\frac{\partial^2 u}{\partial x^2} + F(u)$$

也有极多研究,包括对马尔科夫过程的考虑.

由此可以看出,数学在生物科学上的应用方兴未艾,前途不可限量.

3.3 数学与社会科学

正如自然科学是以自然为研究对象一样,社会科学是以社会为研究对象的一类科学,不过对社会科学的范围及内涵,科学界始终有着不同的意见,甚至有人干脆就否定社会科学有成为科学的资格.最广泛的说法是把哲学、人文学科均归入社会科学.另外,还有把处于自然科学及社会科学边缘的学科如人类学、地理学、心理学也纳入社会科学范畴.为了研究数学与社会的密切关系,上面的划分方法不太合适,因为它们各有各的对象,各有各的方法,笼统地放在一起很不协调.

社会科学是"寻求规律"的科学,它的对象是社会组织、社会制度、社会关系、社会活动或实践及其关系、社会演化及发展.它可以大致分为政治学、经济学、社会学及文化人类学.

著名科学史家 I. B. 科恩(I. B. Cohen)研究过自然科学及精密科学(他统称为"科学")对社会科学及行为科学的影响.他指出,科学为社会研究提供方法、概念、规律、原理、理论、标准及价值[①]. 而最主要的是利用别人的"思想观念(idea)",这种观念导致自己的思想观念发生变化甚至根本性的更新. 他把科学革命分成三个阶段:

(1)思想上的革命:主要是产生新观念.

(2)纸上的革命:思想传播给同行.

(3)科学上的革命:新思想开始得到应用.

任何一次科学革命最终都有两个方面. 一方面,对科学思想及实践产生影响;另一方面,对社会及政治思想产生影响,而且从社会科学或哲学一直到日常的思想都起作用. 的确,有些科学革命缺少第二阶段思想上的成分. 科恩举出三个例子,分别是麦克斯韦的电磁场论、量子力学和分子生物学的革命. 有意思的是,这三次革命恰巧同数学关系极为密切,麦克斯韦的电磁场论及量子力学都是用数学得出其伟大结论的,而分子生物学则应追溯到孟德尔的著名实验,在他的豌豆实验中,他第一次在生物学中得出定量的规律. 但是对社会及政治思想有强烈影响的是牛顿、达尔文、弗洛伊德及爱因斯坦的革命,遗憾的是达尔文及弗洛伊德发展他们的理论并没有用到数学,不过达尔文帮助他表弟发展了统计数学. 在考虑牛顿的影响时,我们很难把他的数学和物理学思想分开. 美国革命时期的政治思想甚至政治语言都同当时的自然哲学有关,美国的立国先贤 B. 富兰克林(B. Franklin,1706—1790)、J. 亚当斯(J. Adams,1735—1826)和 T. 杰弗逊(T. Jefferson,1743—1826)都是用牛顿运动定律的词汇来考虑政治平衡的. 古典经济学家亚当·斯密(Adam Smith,1723—1790)、T. R. 马尔萨斯(T. R. Malthus,1766—1834)及 D. 李嘉图(D. Ricardo,1772—1823)都认为自己也是像牛顿那样的科学家. 马克思曾分析过他们的学说,并称赞李嘉图具有"科学的诚实".

沿着牛顿物理学的方向研究社会的是"社会学之父"A. 孔德(A. Comte,1798—1857). 孔德作为法国综合技术学校的毕业生受过当时最好的数学训练,他的思想方法是逻辑的、按时间顺序排列的、自然进展的. 他把数学及天文学作为最原始的科学,然后是物理学、化

[①] I. B. Cohen,*The Sciences and the Social Sciences*,New York:Norton,Norton and Co,1985.

学、生物学,最后是复杂的社会学.

1971年2月,哈佛大学的K.多伊奇(K. Deutsch,1912—1992)和两个同事在美国最权威的《科学》杂志上发表了一项研究报告,列举了从1900年到1965年62项社会科学方面的进展. 他们认为社会科学也同自然科学及技术一样存在实实在在的成就.

正如自然科学和技术一样,社会科学的成就,或者说重大贡献也有其标准,虽然这些标准不如自然科学那么一致:

(1)对一些关系产生一种新理解.

(2)确定了"如果……则……"这种形式所验证的命题.

(3)在短期内得到广泛承认或产生重大的社会影响,从而导致进一步的认识.

他举出62项,1980年又补充到77项,大部分与数学有关.

3.3.1 数学与经济学

经济学号称"社会科学的女王",这不仅因为它研究的对象客观而明确,而且也因为它的定量化及数学化程度最高. 经济学中的一些概念,如市场价格、产量、工资、利润、利息、汇率、成本、折旧、通货膨胀、税率等连家庭妇女通过其切身体会都能理解,对于稍微抽象的概念如国民收入、人均总产值、供给、需求、分配、竞争、垄断乃至均衡、投入产出、经济波动(萧条与复苏)、经济周期等也不难通过理论思维及数学概念得出比较明确的认识. 相比之下,政治科学中的概念,如国家、民族、权力、权威、行政、法等就很抽象,很难得到共同认识(政治科学家的看法也不同),更不用提定量化、数学化了. 经济学作为一门科学,首先需要清楚最基本的概念,描述客观的经济现象,阐述经济是如何发展的(这就是经济史的内容),然后仿照自然科学的方法建立经济模型,研究其中各种规律,特别是变量之间的函数关系以及各种量如何演化的微分方程. 如果沿着数学化道路发展下去,就得出抽象的数理经济学;沿着联系实际的道路走下去,就得出符合实际的经济学结论. 这首先需要对函数或方程的系数按实际情况进行估算,这时要运用统计工具及其他数学方法来确定. 确定之后,还需要解方程,得出相应的结论,在这方面与自然科学不同. 物理化学的系数往往是靠实验的方法算出的,当然用统计物理方法也可计算,但不一定可靠及算得准,而只有在计算机出现以后这方面才有显著改进. 有了方程的解之后,再转换成经济学的语言,成为我们的认识或预测. 科学的目的就是要得出符合客观实际的解释和预测,这首先就要有可靠的经济学假设、学说或理论. 为了得出理论,往往也要靠数学. 社会科学与自然科学不同,不是得出了理论就大功告成了. 经济学不仅要知道以后的发展如何,还要制定政策,使得经济朝着符合人的意志的方向发展. 在这方面,不仅需要可靠的经济理论(而不是似是而非、概念模糊、不能通过客观事实检验的经济理论),还需要更强有力的数学工具,特别是最优化理论(包括线性及非线性规划)、对策论、统计数学等. 最后当然也离不开计算机. 由上述内容可看出,每一个经济学说的发展大体都有四个阶段:①经验描述阶段;②寻求规律阶段;③建立理论阶段;④制定政策阶段. 每一阶段都离不开数学,只不过所用的数学逐步精深罢了.

因为社会现象因素较多,难以像自然科学一样孤立地考虑,早期的经济学是经济、政治、社会一起抓,这就是政治经济学,通常认为,亚当·斯密的《国富论》的出版(1776)是政治经济学正式诞生的标志. 直到 1890 年,A. 马歇尔(A. Marshall,1842—1924)才把以前惯用的政治经济学改称为经济学,表示经济学如自然科学那样是一门有严谨体系的科学. 不过马歇尔认为,经济学理论与自然科学理论不同,自然科学的新理论往往推翻掉大部分旧理论,而经济学新著作表面上与以前的著作处于敌对位置,实际上只不过是"补充、扩大、发展、有时修正"旧理论,只是对重点重新加以调整,而很少推翻它们. 这表明经济学说史(不是经济史)的连续性.

自从亚当·斯密创立了古典政治经济学之后,经济学的理论名目繁多,也各有不同程度的数学化,不过占主流地位的是:

(1)古典政治经济学(1776—1870):主要的集大成者是亚当·斯密、李嘉图与 J. S. 穆勒(J. S. Mill,1806—1873). 穆勒在他那本《政治经济学原理》中说,就一般原理而言,价值与价格理论已完全阐明,再也没有可增添的东西了. 生产成本是价格的基础,竞争的市场价格自发地调节供求关系,以达到均衡,这就是所谓的"看不见的手".

(2)从边际理论革命到新古典经济学(1870—1930). 1870 年左右,英国数学家、逻辑学家 W. S. 杰方斯(W. S. Jevons,1835—1882)、奥地利经济学家 C. 门格尔[C. Menger, 1840—1921, 他是数学家 K. 门格尔(K. Menger, 1902—1985)的父亲]、瑞士经济学家 L. 瓦尔拉(L. Walras, 1834—1910), 大约同时发动了这场边际理论革命, 这正式宣告数理经济学的诞生. 虽然历史上边际概念及数学应用都可以追溯到更早, 但正是他们最先把经济孤立起来, 使得它成为数学可处理的对象. 边际理论完全根据市场交易及货币交易来说明价格变动的原因, 而对生产及劳动的因素均不考虑, 这样自然摆脱了古典的劳动价值论, 从而使问题大大简化. 这样瓦尔拉就提出他的一般均衡理论. 这不但说明了完全竞争中市场如何自动调节, 而且建立了数理经济学第一个可以独立研究的题目. 最后马歇尔集其大成, 其著作《经济学原理》自 1890 年出版以来, 多次再版, 成为西方经济学的经典, 他的理论被称为新古典经济学. 与后来的凯恩斯(J. Keynes, 1883—1946)经济学对比, 新古典经济学也可称为微观经济学.

(3)凯恩斯革命(1930—1970). 19 世纪末垄断的发展打破了完全竞争的格局. 20 世纪 20 年代末开始的大萧条使以往的经济学说无法解释, 更拿不出有效可行的对策. 凯恩斯从理论、政策及方法上进行三方面的革命. 理论上批驳自由主义经济学的两大原则. 一是萨伊(J. B. Say, 1767—1832)定律, 即供给能自动创造需求, 有卖的就有买的, 有买的就有卖的; 二是利率自动调节, 使社会储蓄及投资平衡. 有这两点保证, 自由市场经济可以自发地顺利发展. 然而, 客观事实打破了这个神话, 凯恩斯承认自由市场经济并非如此和谐, 失业及生产过剩是经济活动中常存在的问题, 从而造成有效需求不足. 于是他在政策上提出国家进行干预, 不能完全放任自由, 必须由宏观财政及货币政策. (如增加政府开支, 大办公共工程, 实行赤字财政政策)来刺激需求以调节经济. 在方法上就必须从国家整体考虑, 首先从国民收入总量出发研究问题, 因此其学说常称为(新)宏观经济学.

第二次世界大战之后形成的主要经济思想流派是新古典综合派和新剑桥学派. 前者的代表人物是 1970 年诺贝尔经济学奖得主 P. 萨缪尔逊(P. Samuelson, 1915—2009), 他的"综合"是综合凯恩斯的理论及马歇尔的微观经济分析方法和生产要素的分析, 首先提出经济学界现在通用的数学分析方法, 他在 1948 年出版的《经济学》多次再版,是最畅销的经济学教科书之一,译成十几种外文. 他还最早在 1955 年把线性规划引进经济学. 另外,R. F. 哈罗德(R. F. Harrod,1900—1978)及 E. D. E. 多马(E. D. E. Domar,1914—1997)还把凯恩斯的静态分析及短时分析长期化、动态化,形成著名的经济增长模型. 新剑桥学派代表人物是 J. 罗宾逊(J. Robinson,1904—1983)等"凯恩斯左派",他们自认为是凯恩斯学派的正统,反对同马歇尔的微观经济学瞎掺和,而单独研究价值论和分配理论,为凯恩斯宏观经济学建立微观基础.

随着经济理论的发展,各种数学工具也得到应用,数学模型的数目迅猛增长. 杰方斯梦想有一天,我们能够至少使某些经济学的定律及规律定量化. 自从 1930 年经济计量学会成立,特别是第二次世界大战后各种经济统计的完备化及经济模型的出现及使用,他的这个梦想已经成为现实. 当然把数学、统计学及经济学结合在一起并非从今日开始,200 多年前已有这方面的尝试. 最热衷于这种结合的杰方斯在 1871 年编了一份《数理经济学书目》(共 22 页),后来 I. 费舍尔(I. Fisher,1867—1947)于 1898 年将其扩充到 37 页,一共收进 300 多位作者. 其中 18 世纪有 9 位作者,1800—1837 年有 18 位作者,其中包括 J. H. 冯·屠能(J. H. von Thünen,1783—1850),通常认为他在 1826 年出版的著作《孤立国同农业和国民经济的关系》开创了这门学科,他研究成本极小化问题时已提出边际生产率的概念. 1838—1870 年有 44 位作者,最著名的是 A. 古尔诺(A. Cournot,1801—1877),他在 1838 年出版的《财富理论的数学原理研究》中运用微分法来研究如何获得最大利润. 1871—1889 年有 114 位作者,包括杰方斯、门格尔、瓦尔拉、马歇尔等熟知的名字. 1890—1897 年增至 142 位作者,其中可以看到瑞典学派开山鼻祖 J. G. K. 威克塞尔(J. G. K. Wicksell, 1851—1926)以及意大利的社会科学大师 V. 帕里托(V. Pareto, 1848—1923).

但是,以统计学为基础的计量经济学则是由 R. 弗里希(R. Frisch,1895—1973)等人创建的. 他们在 1926 年开始酝酿的经济计量学会于 1930 年底正式成立,1931 年 9 月在洛桑召开第一届欧洲经济计量会. 1933 年《经济计量学》杂志出版,这些标志着计量经济学作为一门学科正式诞生.

计量经济学的主要课题是对各种经济量之间的关系提供分析方法.按经济量之间的关系,可以分为四个范畴:

(1)因果关系的分析.一组经济变量 $X_1, X_2, \cdots, X_n$ 影响另一个经济变量 Y,分析这些影响的大小及方向,使用回归分析方法.

(2)平衡关系的分析.一组经济变量 $Y_1, Y_2, \cdots, Y_n$ 由市场平衡机制决定时,分析确定这个平衡关系.一般表示为内源变量 $Y_1, Y_2, \cdots, Y_n$ 与外源变量 $Z_1, Z_2, \cdots, Z_n$ 以及干扰变量 $u_1, u_2, \cdots, u_n$ 之间的线性联立方程组,然后根据具体的数据求出它们之间的关联系数,这时用的统计方法是最小二乘法及最大似然法.

(3)相关关系的分析.一组经济变量 $Y_1, Y_2, \cdots, Y_n$ 因某些共同因素而同时受到影响,分析这些变量的相互关系,用多元分析法.

(4)随时间演变的分析.一组经济变量如何随时间而变化,常用的方法是时间序列分析及谱分析.通常把经济上的时间序列波动分为:①趋势;②循环波动;③季节波动;④偶然波动.关键是把它们分离开或消除掉.

20 世纪 60 年代末,科学家开始对几百个方程的大宏观经济模型进行运算,20 世纪 70 年代初利用最优控制方法来求出经济发展的最优途径.在许多情况下,预测效果还不如小的统计模型,以及给决策者提供的方案并没有改善通货膨胀率及失业率,从而导致 20 世纪 70 年代初对数学工具进行改善,特别是引进时间序列分析,尤其是包克斯-琴根斯分析及谱分析,加上 C. W. J. 格兰热(C. W. J. Granger)引进的新概念,这大大减少了模型变元的数目,有时只有货币和收入两个变元就够了,最多的也不过 6 个到 9 个方程.这似乎对政策评价来讲又太少了.

改进与推广传统模型,建立为发达国家短期政策所用的模型,目的是求以固定收入、不定收入及财富为独立变元的消费函数.1981 年 R. 斯通(R. Stone)建立了 2759 个内源变元的 2759 个方程的方程组,其中有 759 个随机方程及 794 个政策参量.这是英国剑桥多部门动态模型的一部分.相应的美国模型是 L. R. 克莱因(L. R. Klein,1920—2013)在 1975 年建立的.近年来,各种改进都是增加变元数量,比如参考教育因素、军事因素、社会因素等非正式经济因素,方程越来越复杂,这样使结果更加符合实际.在这个过程中,以前旧的一些概念需要更加精确化:一个重要的概念是 J. 闵色尔(J. Mincer,1922—2006)等人从 1957 年以后引进的"人力资本"概念.以前劳动力只不过是经济学中的简单变元,而随着技术进步及生产的复杂性增高,劳动者的教育与生产率及收入大有关系,教育也成为一种投资,由此教育经济学成为重要的课题.

虽说"凯恩斯革命"使资本主义大国度过 20 世纪 30 年代的经济恐慌,并迎来战后的繁荣,但到 20 世纪 60 年代末却遇到了前所未有的通货膨胀及失业同时并存的"滞胀"局面.无论是古典经济学还是凯恩斯经济学都不能解释这种现象,当然就更无法应付了.于是 1967 年起开始出现"货币主义"的经济理论,对应于凯恩斯革命,常被称为"货币主义反革命".它由 M. 弗里德曼(M. Friedman,1912—2006)等人提出,特别是"自然失业率"假说,这个假说与 J. F. 穆斯(J. F. Muth)1961 年的"合理期望"假定相结合,形成第二代"新古典宏观经济学"的模型.通过这个模型得出:任何需求管理政策不会产生实际效果,任何系统的经济政策将只影响通货膨胀率,而不影响实际产值增长率或失业率,但不系统也就是错误的经济政策则会造成私营经济部门的不确定性(如增长率降低,从而失业率增高).因此他开出解决通货膨胀问题的"处方":以固定年率(如 3%)扩大货币投放量,而对失业率则不闻不问.因为按照弗里德曼假定,经过一定时期之后,失业率会趋于自然失业率.

经济理论同一些力学、物理学理论一样,可以变为漂亮的数学,而与实际问题毫不相干.一种情况是数学问题解决不了,本来与实际情况有距离的模型当然与实际情况就距离更远了.另一种情况是原来的数学模型根本与实际情况不符,根本不能解释新的现象、新的事实,这就需要从经济理论上来修改.原来的模型仍然可以去研究,不过已经基本上成为数学问题了.但是社会的需要却是要尽可能地符合社会实际,而不管理论或数学是否漂亮.这就是经济学说需要不断革新的原因,当然革新之后还是离不开数学.微观理论与微分拓扑学相结合形成了完整的数理经济学理论和一套有效的不动点算法[1967,H. 斯卡夫(H. Scarf),1930—2015].详细内容可参看本丛书中史树中著的《数学与经济》一书.

以上是资产阶级学者对资本主义社会的经济分析及其运用数学方法的概况,与之对立的是马克思主义政治经济学.马克思是最伟大的经济学家之一.马克思继承及发展了古典经济学派的劳动价值理论,奠定了马克思主义经济理论的基石——剩余价值学说,揭示了资本主义社会的内在矛盾和经济运动规律.恩格斯指出,他"发现了现代资本主义生产方式和它所产生的资产阶级社会的特殊的运动规律"[①].马克思的经济理论集中发表在他的《政治经济学批判》(1859)和《资本论》(第一卷 1867 年出版,第二、三卷在他去世后由恩格斯整理,于 1885 年和 1894 年出版,第四卷即《剩余价值学说史》在恩格斯去世后于 1905—1910 年出版)两部著作中,早期的阐述已见于《共产党宣言》(1848)、《雇佣劳动与资本》(1849)以及 1865 年在伦敦的讲演"价值、价格与利润"(1897 年出版)等论著.在这些论著中,马克思还提出他的资本积累的理论、无产阶级贫困化理论、景气循环与经济危机理论及资本主义必然灭亡的理论,从而对资本主义社会发生、发展及灭亡的规律做了系统的、完整的阐述,并同唯物史观一起构成科学社会主义的理论基础.

马克思本人精通数学,在他的《资本论》及其他论著中广泛地应用数学表示运算及统计,但他没有足够的时间及精力把它变成完整的、精致的数理经济学体系.其后的经济学家在这方面进行一些研究.第二次世界大战之后,日本共产党的一些理论家对《资本论》的数学部分进行核算,改正了原著中一些小的计算错误.

马克思主义政治经济学另外的发展是列宁关于帝国主义的学说,以及苏联、中国和其他社会主义国家的经济实践与社会主义社会经济的分析和研究.斯大林的《社会主义经济问题》(1952)承认了社会主义社会经济也是有规律的,但是没有任何数学化的迹象,官方的苏联经济学家有相当一部分反对经济学数量化及数学化.例如苏联经济学界的头面人物之一瓦尔加院士在 1965 年说:"社会规律是人们在历史上

[①] 《马克思恩格斯选集》第三卷,第 574 页,人民出版社,1972 年.

不断变化的环境下活动的结果,因此它们不能用精确的数学公式表达,事件在某种具体情况下的发展,是不能准确预见的."[1]这种观点在其他国家中包括我国也很有市场,这无疑大大影响经济学的健康发展.十一届三中全会以来,数理经济学与经济计量学在我国有一定发展,并且在认识经济规律、预测经济发展、制定经济政策等方面起着一定的辅助作用,但是由于方方面面的原因,还存在许多问题.不过有一点是肯定的,数学对于经济学的发展是有益的,对于社会主义社会经济学也不会例外.

3.3.2 数学与社会学

社会学可以说是狭义的社会科学,从社会科学中分出政治科学、经济学、文化科学之后,其余部分属于社会学.这四个方面相互之间有着千丝万缕、不可分割的联系.所以,社会学研究的对象和内容一直比较模糊.不过,它研究的主要问题还是比较清楚的:

(1)社会组织与结构研究.社会集团有职业集团、家庭、村庄、城市等,相应就有劳动社会学、家庭社会学、农村社会学、城市社会学等.

(2)城市活动及相互关系、相互作用.研究社会角色、社会功能.

(3)社会变迁和社会演化.研究社会的变迁、变革及其机制,社会稳定性.

(4)社会政策及社会控制.在社会规律的基础上研究社会问题及其对策,如人口问题、住房问题、交通问题、教育问题、医疗问题等.

由于人类生活对社会的依赖性,长期以来对于社会有各种思考及探讨,如同自然科学一样,对社会科学的研究也开始于哲学的思辨,即所谓道德哲学,其中包括政治哲学及历史哲学,它探讨理想的、合理的社会制度.由于自然科学的发展,社会研究中发展与进步的观念也产生出来.19世纪的进化论观念被直接应用于社会的研究.但是这些哲学与思辨的考虑还不足以产生科学的社会学.科学的社会学必须以观察实验所得的客观事实为基础.18世纪起许多社会调查及统计提供了丰富的资料,同时也发展了统计方法.欧洲工业社会发展之后,对于劳工的贫困状况也有许多的了解.社会的改良运动推动了社会研究.

---

[1] 张守一,等,《经济计量学基础知识》,第2页,中国社会科学出版社,1984年.

在这种背景之下,孔德开创了社会学.他和他的一些先辈受过自然科学方法及语言的良好训练,以自然科学为样板来研究社会科学,孔德本人就提出社会静力学及社会动力的概念.这无疑对社会学使用相应的数学工具是一种促进.在他之前,孔多塞发展概率演算,并将其称为"社会数学",这成为概率统计用于社会研究的先声.19世纪中期,比利时统计学家 L. A. J. 凯特莱(L. A. J. Quetelet,1796—1874)用统计方法研究社会,提出"平均人"概念,大大发展了统计学,被尊称为"统计学之父".在他的实际调查研究基础上,后人仿照自然科学方法,提出所谓"社会物理学",认为社会规律也像物理学规律一样有其不变性.对于社会现象概括出统计规律:如犯罪年龄以 25 岁为高峰,许多犯罪与富裕程度有关等.用数学方法来研究社会规律虽不能绝对化,但毕竟对社会研究及社会政策有一定的参考价值,要比思辨的及模糊的"理论"更有实际意义.沿着社会统计这个方向的社会学发展极为迅速,积累了大量的资料,为解决一系列社会问题提供了数据,特别是犯罪问题、住房问题、老年问题和医疗服务问题.

将社会学由经验上升到理论也需要数学.最早的社会学理论有四个学派.以美国 H. 斯宾塞(H. Spencer,1820—1903)为首的进化论学派,以社会比附生物体;以法国的 J. G. 塔尔德(J. G. Tarde,1843—1904)为首的心理学派,把社会学看成社会心理学,社会学主要研究人们的模仿规律及控制模仿的问题.这两派基本上已无追随者.20 世纪初的两大学派至今仍有影响.一是以法国 E. 涂尔干(E. Durkheim,1858—1917)为代表的正统的、实证的社会学派,一是以 M. 韦伯(M. Weber,1864—1920)为代表的理解社会学派,他是当代最有影响力的社会学家之一.

第二次世界大战前后最有影响力的社会学学派是结构-功能学派,其代表人物是 T. 帕森斯(T. Parsons,1902—1979)和 R. 莫尔顿(R. Merton,1910—2003),他们深受涂尔干及韦伯的影响,对建立理论社会学功绩甚大.所应用的数学也不是过去那种计算的数学,而是结构理论以及其推广的系统理论.系统及结构概念的应用澄清了许多过去的糊涂观念,给社会学注入了科学性.同时在社会的局部分析之外带来了整体观念.帕森斯的目标是确定行为类型并对之进行完整的

分类.他在《社会制度》(1951)一书中提出"模式变量":

(1)规范:普遍性的或特殊性的.

(2)地位:自封的或被授予的.

(3)义务:特定的或散在的.

(4)情绪:不动感情的或动感情的.

他的方案要点是:正如自然科学中的力、能一样,可以用普遍概念来探讨各种社会情况及社会类型.这只是第一步.第二步是仿照瓦尔拉建立普遍均衡理论,建立普遍的行为理论.由这个理论出发来分析所有社会行为.这样社会科学家就有可靠的分析方法来区分不同种类的行为,理解其复杂程度,并对表面上不同的现象加以适当的比较.这些实际上是古典力学的逻辑,科学家并不对具体物体进行探讨,而是抽象物体各个方面及各种性质以及它们之间的关系.

他研究出一个四维的文化系统、一个四维的社会系统、一个个性系统和一个有机系统.他的社会系统的四个功能是适应性功能,确定排列与实现目标的功能,把各部分统一成整体的一体化功能以及处理内部紧张状况维持模式运行功能.莫尔顿进一步完善这种方法,把它规范化,并应用于实际问题的研究.在后来具体应用过程中也广泛使用社会统计方法,如在《美国士兵》中的研究.20 世纪 60 年代末结构功能主义衰落,原因有三个:

(1)理论过于抽象,不易直接联系实际.

(2)偏于静止分析,而对社会变化及运动没有分析.用物理性术语讲,没有运动学及动力学.

(3)最重要的一点是社会科学常见的弊端,忽视人的因素.人的认识、人的控制以及人与人之间、集团与集团之间的矛盾冲突对社会比对自然的影响要大得多,社会科学不能完全弄成自然科学的样子.

尽管如此,从系统论角度来研究社会科学仍然有很多,特别是从维纳控制论思想引入结构-功能主义理论,把信息的概念同系统结合起来,构成了一个新的方向.

3.3.3　数学与政治科学

在西方,政治学有悠久的历史.第一部政治学著作是亚里士多德的《政治学》,在此之前,柏拉图的《理想国》已是一部政治哲学著作.不过这些与宗教神学以及伦理学交织在一起,不能说是一门独立科学. 16 世纪意大利思想家 N. 马基雅维利(N. Machiavelli,1469—1527)最先把政治学看成管理国家的科学. 马克思评论道:"由此,政治的理论观念摆脱了道德,所剩下的是独立地研究政治的主张,没有其他别的了."[①]西方的政治学从 17 世纪起分成两条路线,一是英国的洛克到 J. 边沁(J. Bentham,1748—1832)、穆勒父子的功利主义以及法国的启蒙思想家伏尔泰、孟德斯鸠(Montesquieu,1689—1755)及 J. J. 卢梭(J. J. Rousseau,1712—1778)所奠定自由、民主政治的思想基础,二是空想社会主义者一直到马克思、恩格斯 1848 年合写的《共产党宣言》,奠定了阶级斗争及无产阶级专政的理论. 后一条路线被列宁所发展:①建党理论和国家与革命理论:集中反映在 1916 年出版的《国家与革命》一书中;②十月革命后建立苏维埃国家的理论. 在多伊奇的评价中,这两项是潜在的定量研究,不过似乎不大可能进行定量研究,但从另一角度的数学化——结构研究还是可以用得上的.

西方的政治学在 19 世纪末开始有较大的发展,但何时成为一门科学各说不一. 模糊的国家、政府、民族概念一直是政治学的主要研究对象,但后来认为权力是中心概念,第二次世界大战后,政策研究占有突出地位.

西方政治理论中主要用的是系统方法及结构功能分析法. 系统分析的代表人物是美国政治学家 D. 伊斯顿(D. Easton,1917—2014),他的理论是:

(1)把政治生活看成一套行为系统.

(2)政治系统处于社会大环境中,它们分为内在的社会系统(包括生态系统、生物系统、人格系统及狭义社会系统)与外在的社会系统(包括国际政治系统、国际生态系统、国际社会系统等).

(3)政治系统必定是开放的,有输入,有输出,有反馈,使自身正常工作,它的输入是环境和系统内对它的支持与需要,它对环境输出决策及行动. 输出到输入有反馈,反映环境对政治系统的态度(如接受或反对).

---

① 《马克思恩格斯全集》第 3 卷,第 368 页.

(4)政治系统对来自内、外环境的压力有适应的能力,它产生的反应是内部调整或消除压力,这样它可以持续,趋于稳定,否则将崩溃.

伊斯顿用这个模型对各种政治活动进行详尽的分析.他的方法广泛应用于不同层次的系统,如国际、国内、地方、部门系统.但是系统分析的缺点是对突发的激烈变革无法解释,忽略了权力、控制、影响力等的分析.另外,如何与经验数据相配合也是一个问题.

结构功能分析的代表人物是 G. A. 阿尔蒙德(G. A. Almond,1911—2002),G. A. 阿尔蒙德把伊斯顿的分析进一步精致化.G. A. 阿尔蒙德从政治体系的功能出发,把它分为三个层次:系统层次(涉及体系的维持与适应功能)、过程层次(转换过程四个功能:利益表达、利益综合、政策制定、政策实施)及政策层次,考虑三个层次相互作用并进行比较分析.

最粗浅的结构分析是比较各种数据进行分类,并分析其间的相互作用,如 1965 年有两位学者运用因素分析这种统计方法对 115 个国家的 68 个特征进行分析,归纳出 8 种政治系统的类型.1967 年 I. 阿德尔曼(I. Adelman,1930—2017)在《社会、政治和经济发展》一书中对 1950 年时"不发达"国家的各种政治、社会及经济因素相互作用进行分析.第二版《世界政治和社会指标手册》(1972)包括 136 个国家的 150 个变数.[①]利用这些指标,根据数以千计的不同分类可以得出各种分类方案.如果要想从这些分类中得出科学结论,还需要从政治学本身和从数学工具两个方面进一步地探讨.

3.4 数学与人文学——数学与艺术

表面上数学家与艺术家是气质完全不同的人,实际上数学与艺术在其深层结构上是最为接近的,它们都反映人类精神的伟大创造,而且都具有相当大的自由性.从某种意义上来讲,艺术更是人类精神的伟大杰作:巴赫及贝多芬的音乐、达·芬奇的绘画、米开朗琪罗的雕塑、莎士比亚的戏剧、歌德的诗、陀思妥耶夫斯基的小说等,都是人类精神不朽的体现."生命有限,艺术之树常青."各民族均有其伟大的创造.司马迁的《史记》、曹雪芹的《红楼梦》、鲁迅的《阿 Q 正传》、故宫、

---

① R. A. Dale,*Modern Political Analysis*,1984 第四版中译本《现代政治分析》,上海译文出版社,1987.

万里长城及各地著名园林也反映中华民族的艺术成就.在伟大的艺术作品当中,同时也不同程度反映出数学的光芒.

3.4.1 古典艺术时期

自古以来数学已经渗入了艺术家的求实精神.从毕达哥拉斯时代起,乐理(或音乐学)已是数学的一部分.他把音乐解释为宇宙的普遍和谐,这种和谐同样适用于数学及天文学.开普勒在音乐与行星之间找到了对应关系,莱布尼茨首先从心理学来分析音乐,他认为"音乐是一种无意识的数学运算",这更是直接把音乐与数学联系在一起,从某种意义上来讲,这是后来用数学结构来分析音乐的先驱.对于乐谱的分析即傅里叶的三角级数,而这产生出的数学分支是"调和分析",而"调和"一词则来源普遍和谐(harmony).从形式上来讲,音乐的确是一组符号运算,但从内容上讲,音乐成为一种伟大的创造.为什么音乐动人这就不是数学所能解释清楚的了.

在绘画与雕塑方面,各民族都有自己的创造.文艺复兴时期,西欧的绘画与数学平行发展,许多艺术家也对数学感兴趣,他们深入探索透视法的数学原理.意大利人 L. B. 阿尔贝蒂(L. B. Alberti,1404—1472)在《论绘画》一书中提出正确绘画的透视法则.达·芬奇及 A. 丢勒(A. Dürer,1471—1528)不仅是大艺术家,而且也是大科学家.他们的著作直接影响好几代艺术家,使得其后二三百年间成为西欧古典艺术的黄金时代.他们的经验原理到 18 世纪也为数学家 B. 泰勒(B. Taylor,1685—1731)及 J. H. 兰伯特(J. H. Lambert,1728—1777)变成演绎的数学著作,而对原形与截景之间几何性质的研究后来孕育了一门数学新学科——射影几何学.

建筑及装饰与几何的关系更为直接,虽然古时没有群的观念,但对称性及对称花样已存在于各民族装饰艺术之中.早在 1924 年波尔亚证明平面上有 17 种对称图样(patterns)之前,西班牙的阿尔汗布拉宫的装饰已经绘制出这 17 种不同的图样,真令人叹为观止.

其他的艺术形式同数学关系要少一些或间接一些.尽管如此,数学与艺术仍有着千丝万缕的联系,如舞谱学.

数学家多为艺术爱好者,但真正是艺术家的不多.不过数学家的职业思维特点却往往使他们对艺术中的"规律"部分进行思考.柯西终生写诗,哈密顿不仅写诗而且同大诗人华兹华斯等过从甚密而且相互倾慕,不过哈密顿真正的"诗"还是数学. 而真正的诗学家西尔维斯特,他不仅写诗,而且在 1870 年出版《诗词格律》,可以说是真正从数学观点来看诗了.

3.4.2 现代艺术时期

19 世纪末以来的现代艺术发展的最大特点是抽象化,而这恰恰平行于现代数学的发展,现代数学的特点也是抽象化、形式化. 现代艺术的出现并没有给古典艺术的发展画上终止符,具象的、现实的艺术仍在发展,在某些时期、某些地区、某些领域甚至仍是主导的、占有决定性的地位. 同样,现代数学也没有完全涵盖所有数学题材,许多古典数学问题仍然是重要的研究对象. 不可否认,抽象的题材在某些数学领域占统治地位(如抽象群论). 这种平行似乎并非偶然,它反映人类精神的发展与飞跃.

前面所讲的古典艺术是广义的,既包括前古典学派、古典主义,又包括浪漫主义与写实主义(甚至自然主义),而现代艺术则是从象征主义及后期印象主义开始的. 现代艺术的理论家 W. W. 康定斯基(W. W. Kandinsky,1866—1944),他是抽象绘画的创始人之一. 他从现代艺术中看到了一个伟大的精神时代特征:其中第一点就是"一种伟大的、几乎是无限的自由"[1]. 这几乎同康托尔说过的话"数学的本质在于它的自由性"如出一辙. 正是康托尔的集合论把现代数学由传统数学的数量关系及三维空间里的几何图形解放出来,大大扩展了自身的领域. 现代艺术也从简单的摹写现实中解放出来.

康定斯基进一步把"结构"引进绘画:他把结构分为简单结构("旋律")及复合结构("交响乐")[2],而这同布尔巴基对数学结构的处理何其相似[3]. 更有趣的是,康定斯基是明确把数学引入现代艺术的第一人. 他说"数是各类艺术最终的抽象表现"[4]. 他在 1923 年出版的《点·线·面》一书更是对于这些几何学对象的艺术表现做了深入的

---

[1] 康定斯基,《论艺术的精神》(中译本),中国社会科学出版社,1987 年,第 79 页.
[2] 康定斯基,《论艺术的精神》(中译本),中国社会科学出版社,1987 年,第 71 页.
[3] 胡作玄,《布尔巴基学派的兴衰》,知识出版社,1984 年.
[4] 康定斯基,《论艺术的精神》,中国社会科学出版社,1987 年,第 68 页.

分析,这给现代艺术奠定了哲学基础.

现代艺术在绘画、雕塑、戏剧、诗、小说中表现得比较明显,在音乐方面有两个趋向.一是专业化的现代倾向,以 A. 勋伯格(A. Schöenberg,1874—1951)为代表,倡导十二平均律,导致无调音乐,从而乐曲完全形式化及数学化.一般听众很难接受他们的作品,这同抽象数学为一般学者不理解一样,仅仅成为学院式的东西.二是在群众中流行的现代音乐,现代音乐是建立在原始音乐基础上的各种通俗音乐.而有文化教养的知识分子(包括数学家)大都喜欢这两种现代音乐之外的"古典音乐"——从巴洛克音乐到新古典主义、后期浪漫主义乃至印象主义音乐.如前所述,它们可完全数学化,可以输入计算机,但由电子合成器所"创造"的音乐是否动人则是另外一回事了.

3.5　数学与哲学

一般认为近代哲学始于笛卡儿,他是大陆理性主义思潮的创始者,与此相对,英伦三岛则是经验主义的故乡.近代科学实得力于这两大哲学思潮交会的合流.欧洲大陆的哲学与数学密切相关,而英国经验主义受数学影响要小一些.尽管如此,英国作为科学的故乡,数学在一定程度上是受到重视的.近代英国第一位有影响的思想家是弗兰西斯·培根(Francis Bacon,1561—1626),他应该说是近代科学方法的创始人,也可以说是经验主义的远祖.强调归纳的重要性,这对西方历来重视演绎的传统无疑是一种新的刺激,从而为经验科学打开大门.但是,他矫枉过正."培根不仅瞧不起演绎推理,也轻视数学,大概以为数学的实验性差."[①]实际上,演绎在科学中所起的作用,比培根想象的要大.当一个假说必须验证时,从这个假说到某个能由观察来验证的结论,常常有一段漫长的数学推演的演绎过程.这已由近代科学三百多年的发展所证实.但他提出的归纳问题及其与数学(特别是概率)的关系至今仍是哲学争论的热门话题.英国的哲学家也不都像培根那样不重视数学,T. 霍布斯(T. Hobbes,1588—1679)虽然也是经验主义者,但他是一位"赞赏数学方法的人,不仅赞赏纯粹数学中的数学方

---

① 罗素,《西方哲学史》,下册,商务印书馆,第64页.

法,而且赞赏数学应用中的数学方法."①这主要因为他受到伽利略及开普勒的影响.他的重要著作《利维坦》(*Leviathan*,1651)采用欧几里得的形式.他曾担任查理二世的数学老师,但他自以为证明了"化圆为方",说明他在技术上仍不高明.但这部书却使他成为近代政治理论的首创者.然而最有影响的英国哲学家是 J. 洛克(J. Locke,1632—1704),他是与牛顿同时代的人,两人也是好朋友,洛克在"道德哲学"上的成就由于牛顿在自然哲学上的成就而更加受到重视,"他不仅是认识论上经验主义的奠基者,而且也是哲学上自由主义的始祖."②他的政治学说影响了后来的启蒙思想家,成为英国宪法、美国宪法、法国宪法的理论基础.他接受前人的数学真理论,并以此为准论证道德哲学也可成为论证性科学. G. 贝克莱(G. Berkeley,1685—1753)也有高度的数学及科学修养,他在哲学上影响巨大,在数学及科学上的批判也是很重要的.他不仅考虑哲学问题,对当时数学及科学问题也进行深入的思考.他在 1734 年出版的小册子《分析学家》是一篇数学哲学的重要文献,在遭到反驳后,1735 年发表《为数学中的自由思想申辩》.他对牛顿流数法中无穷小量概念的批判无疑促进了分析基础的探讨.他对牛顿绝对时间、绝对空间理论的指责,也有合理之处.英国经验主义的集大成者是 D. 休谟(D. Hume,1711—1776),他把哲学同数学和自然科学的影响分离开,成为 18 世纪末到 19 世纪末纯哲学研究发展的关键人物.

由于数学及逻辑自身的特点,它们自然是大陆理性主义哲学家最为关注的对象.笛卡儿和莱布尼茨都是数学家,也都对自然科学有所论述. B. 斯宾诺莎(B. Spinoza,1632—1677)的名著《伦理学》是按照欧几里得几何的定义、公理、公设、命题来编排的,而且有严格的证明.总之,"从笛卡儿到康德,欧洲大陆哲学关于人类认识的本性,有许多概念得自数学……"

近代哲学的集大成者是 I. 康德(I. Kant,1724—1804).从某种意义上来讲,他是理性主义与经验主义两大潮流的折衷统一者,又是原始的科学主义与原始的反科学主义——浪漫主义的折衷.他为哲学奠

---

① 罗素,《西方哲学史》,下册,商务印书馆,第 66 页.
② 罗素,《西方哲学史》,下册,商务印书馆,第 134 页.

定了严整的体系,使得以后的哲学家无论是拥护他、发展他,还是反对他、批判他,都要借助于他,借助于他的概念、论题以及考虑问题的方式.在他的重要著作里,数学始终有它的重要地位,而且也受到前所未有的深入分析.正是这点,使他更加接触认识论的核心问题.在他最主要的著作之一《纯粹理性批判》(第一版1781年,第二版1787年)中,第一次明确数学知识与经验知识的区别.他把命题一方面区分为"分析"命题和"综合"命题,另一方面区分为"先天"命题和"经验"命题.他批判过去的观点,认为数学和自然科学的原理都是先天综合判断.不仅如此,他强调人类的真正知识就其本性来讲均为先天综合性质的,欧几里得几何学和牛顿力学就是这种知识的典范.这样一来,他为未来哲学规定了总的目标:先天综合判断何以成为可能?这一直是哲学的根本问题.由此可见数学在他的哲学形成中所起的作用.不仅如此,他对数学哲学的一些论著对于后世也有极大影响.他在《能够作为科学的任何未来形而上学导论》(1783)一书中谈到"几何学是根据空间的纯直观的;算术是在时间里把单位一个又一个加起来,这样构成数的概念……"这些都预示着后来直觉主义及数学基础的论战.

19世纪的哲学家没有从笛卡儿到康德那样的科学情境,多数哲学家也缺乏前人自然科学及数学的修养,数学不再成为他们著作的主题,更不用说出发点了.数学更加专门化也加重了这一事态的发展.

康德以后的哲学百家争鸣,主流还是清晰的:一条是以 J.G. 费希特(J.G. Fichte,1762—1814)、F.W.J. 冯·谢林(F.W.J. von Schelling,1775—1854)及 G.W.F. 黑格尔(G.W.F. Hegel,1770—1831)为主线的德国唯心主义,以及反对他们的支流 J.F. 赫尔巴特(J.F. Herbart,1776—1841)的实在论和 A. 叔本华(A. Schopenhauer,1788—1860)的唯意志论,这两位也都自认为是康德的真正继承人.从他们都重视自然科学这点来看的确如此,特别是赫尔巴特,对黎曼的数学观点有很大影响.[①]另外一位反黑格尔的哲学家是现在数学界知名的人物 B. 波尔察诺(B. Bolzano,1781—1848)[②],19世纪中叶以后,一系列

---

① Hist. Math.
② 现代哲学史研究的热门人物,他的哲学被胡塞尔重新发现之前,实际上没有什么影响.现在被认为是重要哲学家,许多数学定理也归在他的名下.

新康德主义,新黑格尔主义学派兴起,他们一般是反对人文科学(包括社会科学)以自然科学为模式来进行数学化. 以 W. 狄尔泰(W. Dilthey,1833—1911)为首的一派倡导精神科学,重视理解和阐释,是与自然科学根本对立的. 但他们对人文科学及社会科学研究很有影响. 另外一位以数学及自然科学观念改造康德的数学家是 E. 卡西勒(E. Cassirer,1874—1945),他认为数学同文字、艺术、宗教等表现形式一样,都是人的象征作用的表现,属于一般的符号学. 象征作用是人类意识的基本功能,人就是进行象征活动的动物. 而象征作用的认识论功能就是揭示结构. 这预示了一般符号学,而且把数学从自然科学分离开来.

另一派是实证主义,它始创于孔德,其著作《实证哲学教程》(1830—1842)是这派的经典. 他对 19 世纪科学界的影响是十分巨大的. 许多自然科学家会不自觉地抱有实证主义观点. 但他们的数学观点并不可取.

19 世纪末,两位受过数学训练的哲学家对当代哲学产生了具大的影响:一位是胡塞尔,另一位是罗素. 胡塞尔以数学论文(实际上是数学哲学)获博士学位,当过魏尔斯特拉斯的助手,1901 年在 D. 希尔伯特(D. Hilbert,1862—1943)的推荐下到格丁根任副教授. 他的早期哲学都是从算术及逻辑出发的,由此提出他的现象学观念,后来发展成为现象学哲学流派.

罗素对数学的研究直接影响他的哲学观点. 在历史上,笛卡儿和莱布尼茨都是数学家,但他们的哲学并不是从数学中直接衍生出来的. 后来的哲学家如康德、黑格尔也对数学有所论述,但是他们的数学知识已经落后于当时数学发展,更不用说对于数学有所创新了. 而罗素则掌握当时数学的发展并为了追求确定性而企图给数学奠定一个稳固的基础. 这个目标虽然没有达到,但是在数学史上有着重大影响. 罗素也正是从这段时期开始发现他的哲学的方法——分析方法. 属于当代哲学最大流派之一——分析哲学的哲学家不仅精通数理,很多人也是数学家. 这种情况与过去哲学家不同,也与现代其他流派的哲学家不同.

正是罗素的分析方法开创了现代分析哲学这个巨大的哲学流派.

他的分析方法由四个方面构成:

(1)本体论(实在的"质料")——本体论分析.

(2)抽象宇宙论——形式分析.

(3)数理逻辑——符号逻辑.

(4)符号学——逻辑构造.

这几个方面现在都形成了专门的分支.

罗素以其特有的方式取消哲学基本问题.逻辑实证主义者则干脆把它说成是形而上学伪命题,不予理睬.罗素的这种态度对哲学的影响至为巨大.

对语言进行逻辑分析成为现代一大派哲学的首要任务,当然这样做对于使语句严格化,弄清概念的意义,使论述更加严密、更加科学是重要的,但是发展结果会不可避免地带来烦琐无趣,成为只有哲学家才能懂得的东西.尤其是罗素等以符号语言为主要分析工具的一派,就更需要专门的数理逻辑知识.

罗素不仅第一个提出、应用、证明分析方法是适当的哲学方法,而且是现代分析方法最主要的实践者. 20世纪最负盛名的大哲学家 L. J. J. 维特根斯坦(L. J. J. Wittgenstein, 1889—1951)正是在他的影响下成长的.罗素发现维特根斯坦并引导他走上哲学的道路.他们两人互有影响,其结果就是第一次世界大战前后的逻辑原子论.罗素的方法和思维集中反映在维特根斯坦前期的代表作《逻辑哲学论》中,这是分析哲学的重要经典著作.

20世纪20年代,维也纳出现了以 M. 石里克(M. Schlick, 1882—1936)和 R. 卡尔纳普(R. Carnap, 1891—1970)为中心的逻辑实证主义学派,他们的思想来源除了马赫之外,就是罗素及维特根斯坦的思想.他们尊罗素为他们的"祖父",这对于罗素来说是当之无愧的.这种思潮在20世纪成为一个声势浩大的潮流,现代哲学总在感受到它的影响,许多流派尽管同维也纳学派不同(如后期维特根斯坦及日常语言学派,他们偏重日常语言分析)甚至对立[如 K. R. 波普尔(K. R. Popper, 1902—1994)用证伪主义反对证实主义,否定归纳法],但是这些流派的思想体系都很明显地来自罗素.

在20世纪20年代末到30年代,分析哲学形成现代哲学中最有影响的思潮之一. 尽管它们千变万化, 罗素哲学中的一些根本特点还是极为明显的. 不仅如此, 分析哲学还与其他哲学流派特别是实用主义相结合. 尤其是 C. 莫里斯(C. Morris, 1901—1979)发展起来的符号学以及实用主义的分析哲学家 W. V. O. 奎因(W. V. O. Quine, 1908—2000)的新实用主义流派, 奎因等人从实用主义角度批判逻辑实证主义. 他们在数学上仍然是罗素的逻辑主义的继承和发展. 另外, 在英国, 最接近罗素的思想的是 A. J. 艾尔(A. J. Ayer, 1910—1989), 他把维也纳学派的思想同罗素的思想结合起来, 是英国分析哲学的代表人物. 他在 20 世纪 70 年代述写了论述罗素哲学的论著.

罗素及逻辑经验主义者, 特别是卡尔纳普都对归纳法感兴趣. 在研究归纳逻辑的过程中, 特别涉及概率的问题, 不妨说, 概率是归纳逻辑的基础. 卡尔纳普的晚年长时期从事概率与归纳关系的研究. 另外, 他早期在数学基础方面也有重要贡献, 他还是哥德尔的朋友.

另外两位哲学家也受到数学的影响. 一位是罗素的老师及合作者 A. N. 怀特海(A. N. Whitehead, 1861—1947), 不过他们在第一次世界大战之后, 就分道扬镳了. 怀特海从事哲学是企图用数学、物理学、生物学学科的成就来论证其"宇宙形而上学", 他创立的过程哲学在西方有着一定影响.

另一位哲学家实际上是文化人类学家 C. 列维·斯特劳斯(C. Levi-Strauss, 1908—2009). 他的结构主义在 20 世纪 60 年代中期在西方形成新的哲学浪潮. 他用结构观念来研究不同文化的神话, 发现其中的"同构序列", 实际上他用语言学、数学的方法来研究人类学, 把结构变成一种普遍方法论. 他同韦伊的交往也使他对结构的概念产生明确的认识.[①]

一直到现在, 哲学的基本问题, 人何以能认识, 人的概念的形成, 抽象概念的实在性, 这些都与数学密不可分. 从数与空间到抽象的无穷、概率、逻辑等都是哲学思辨的重要材料, 任何郑重考虑自然、社会乃至精神世界的哲学家都不能忽视这些问题.

与上面西方哲学根本对立的是马克思主义哲学. 马克思主义哲学

---

① A. Weil,《全集》Ⅰ, 1975 年.

由辩证唯物主义及历史唯物主义构成,但从前面所说的狭义哲学看,则应是辩证唯物主义,它的来源是德国经典哲学,特别是黑格尔的辩证法体系,它的基础是唯物主义,以唯物主义辩证法取代黑格尔的唯心主义辩证法.马克思主义认为哲学的基本问题是精神与物质谁是第一性的问题,这种本体论问题与数学的关系显然不如与自然科学及社会科学的关系那样密切.而且数学的进展似乎对这个基本问题的回答也贡献不大.在数学及哲学发展的历史长河中,只有毕达哥拉斯学派是数本体论者,他们主张"万般皆数",而且很快由于无理数的发现被否定.

与唯物论相比较,辩证法与数学的关系更为密切.马克思主义经典作家对数学的本质有过许多基本的论述,它们集中在马克思的《数学手稿》(1933 年发表)、恩格斯的《反杜林论》(1878)以及《自然辩证法》(写于 1873—1883 年,1885—1886 年做了个别补充,于 1925 年首次全文发表).

由于马克思没能整理完成他的《数学手稿》,现在还难以对马克思的数学哲学进行全面的理解.单从《数学手稿》来看,马克思已做了许多精辟的论述,他运用唯物辩证法研究了数学特别是微积分中一些概念和方法的发展.他根据各人提出微分法不同特点,把微分法划分为三个时期:以牛顿、莱布尼茨为代表的"神秘的微分学",以达朗贝尔为代表的"理性的微分学"和以拉格朗日为代表的"纯代数的微分学",这样把微分思想发展历程概括为否定之否定的过程.他提出微分是"扬弃了的差"的思想,深刻揭示了微分概念的辩证实质.他的思想对以后的数学哲学及数学史的研究仍有很重大的意义.

恩格斯的论述比较系统,对于数学许多问题有十分明确的提法:

(1)数学的对象:数学以确定的、完全现实的材料作为自己的对象,不过它考虑对象时会完全摒弃其具体内容和质的特点.他明确地把数学从自然科学中划分出来.

(2)数学与现实的关系.数学研究现实世界的数量关系和空间形式,数学来源于现实,不但数学概念而且它的结论、它的方法都是反映现实的.

(3)数学中的根本矛盾.数学的本质中根本矛盾在于数学以纯粹

形态上研究现实形式和关系,必须把形式及内容割裂开来,但是离开内容的纯形式及关系不存在,从而不能完全割裂,这就导致数学发展过程中不断出现矛盾又不断解决矛盾,而且由此导出一系列矛盾:有限与无限、连续与离散等,其后还有正与负、微分与积分等矛盾.

(4)数学史:"数学本身由于研究变数而进入辩证法的领域,而且很明显,正是辩证哲学家笛卡儿使数学有了这种进步."①

这样,恩格斯奠定了马克思主义的数学哲学的基础.恩格斯以后列宁关于数学也有少量论述.恩格斯去世后近 100 年间,数学有了巨大的进步及发展,中国、苏联等国的数学家及哲学家都试图用马克思主义哲学发展数学哲学的研究,但是尚遗留大量问题有待来者.

---

① 《马克思恩格斯选集》,第三卷,第 161 页,人民出版社,1972.

四　数学家的社会化

长期以来,数学只是少数数学家能创造、理解、欣赏乃至学会的知识和技能.随着社会和科学技术的进步,社会对于数学的需求越来越大、越来越高、越来越深.这势必导致数学的专业化、数学的职业化,也就是要求有一定数量的人专门研究数学,而且随着数学领域的扩大越来越专、越来越精,职业数学家应运而生.数学家不再是少数天才的偶然涌现,而是植根于社会土壤之中.没有社会为数学家的培养、成长及出路创造条件,出现数学家特别是出色的数学家的可能性越来越小,数学家越来越成为社会化的产物.反过来,随着数学社会化的增强,数学家在社会乃至政治生活中也会起越来越大的作用.

4.1　数学家的社会状况

数学家是创造、传播、应用数学知识的担当者.数学在很大程度上是数学家的个人创造,理解数学也要靠数学家的著作及讲授,通常,数学界是通过著作来识别数学家的.

4.1.1　数学家的数量及分布

历史上有多少位数学家并没有精确的统计,由于 18 世纪以前的数学家难以确定(不超过 500 位).这里我们只考虑 19 世纪和 20 世纪的数学家.与以前的数学家不同,他们绝大多数是职业数学家(而非业余数学家)及专业数学家(而非横跨许多领域的科学家).我们不妨根据数学论著的数量做一个简单的估计:

1940—1989 年发表的论著超过 100 万篇.[①]

1900—1940 年发表的论著不超过 10 万篇.

[①] *Amer. Math. Soc.* 1989,Nov.

1900 年以前发表的论著不超过 10 万篇.①

这样估计数学家的总人数约为 10 万人. 正如科学家的情形一样,科学家的重要性是极为不同的. 苏联著名物理学家 Л. Д. 朗道(Л. Д. Ландау, 1908—1968)说过:"一位第一流的科学家的贡献是第二流科学家的十倍". 另外有人论证说,科学家的人数从一级到另一级成倍地增加.

对于数学家大致也有类似的情况:

不到 100 位数学家对数学的贡献占一半,我们可称为领袖数学家,如高斯、柯西、黎曼、庞加莱、希尔伯特、É. J. 嘉当、外尔、冯·诺伊曼、А. Н. 柯尔莫戈洛夫(А. Н. Колмогоров, 1903—1987)、И. М. 盖尔范德(И. М. Гелъфанд, 1913—2009)等.

约 1000 位数学家对数学的贡献占 90%,可称为精英数学家. 他们是现代数学史的主要研究对象.

约 10000 位数学家可以称为专业数学家,他们几乎完全决定了当代数学的面貌.

9/10 以上的数学家在历史上几乎没有留下什么痕迹,他们可称为数学家群众.

为了方便起见,我们称为一等、二等、三等及四等,等级之间的界限是模糊的,对于数学家具体如何划分是见仁见智也颇为主观之事. 另外,数学家的情况还不像物理学家差距那么大,主要是由于数学的领域很广,某一行专家的贡献无法同另外一行的贡献来比,如分析与几何的贡献. 一些较孤立的部门如数理逻辑、统计数学如何摆法,也是个问题.

至于数学家的分布,理论上讲,数学家应该与种族、民族、肤色、性别及所在国家没有显著相关性,但由于社会条件的差异及历史传统的不同,数学家在人口中的比例变化很大. 从全球 170 多个国家和地区来看,只有 50 多个国家和地区参加国际数学联盟,占不到 1/3. 另外 100 多个国家和地区不是没有数学家及数学家组织,就是他们的贡献可以忽略不计. 这 50 多个国家和地区分成五等:最高的和次高的国家

---

① 皇家学会科学文献目录所收的 19 世纪数学论文目录不到 4 万篇.

有九国:中国、苏联以及西方七大工业国——美国、英国、日本、法国、德国、意大利、加拿大.这些国家也的确是数学大国.从数学家人数来看:美国有 2 万～3 万人,苏联有 1 万人,也是两个超级大国.其次是日本,有几千人,英、德、法三国差不多,意大利稍少,加拿大最少(1000 人左右).第三组也有一些在数学上取得成就的国家:波兰、匈牙利、荷兰、瑞典、瑞士及印度.第二组的奥地利、丹麦、芬兰、以色列、罗马尼亚都有过重要的数学家.第一组 21 个国家和地区中,挪威是产生的数学家最多的国家,其他 20 个国家和地区所产生的数学家就屈指可数了.这种数学家及优秀数学家分布不均衡的现象的原因比较复杂,是科学社会学研究的主要课题.总的来讲,数学家及主要的数学贡献 90% 以上来自十多个国家.由于各国人口不同,数学家占人口的比重较大的有匈牙利和以色列.匈牙利产生过从 L. 费耶尔(L. Fejer,1880—1959)、黎斯兄弟(F. Riesz,1880—1956 和 M. Riesz,1886—1959)、冯·诺伊曼一直到 R. 鲍特(R. Bott,1923—2005)及哈尔莫斯、P. 拉克斯(P. Lax,1926 年生)、P. 埃尔德什(P. Erdös,1913—1996)、瑞尼(Reyni,1921—1970)等.而以色列则是从 20 世纪 30 年代起陆续移居的东、西欧犹太人.从 19 世纪起,就出过不少杰出的犹太数学家.雅可比、L. 克罗内克、康托尔、A. 胡尔维茨(A. Hurwitz,1859—1919)、闵可夫斯基、朗道、西尔维斯特、M. 诺特(M. Noether,1844—1921)、E. 诺特(E. Noether,1882—1935)、K. 亨泽尔(K. Hensel,1861—1941)、T. 列维-齐维塔(T. Levi-Civita,1873—1941)、维纳等.到 20 世纪,许多犹太数学家流亡美国,如冯·诺伊曼、韦伊、L. 阿尔福斯(L. Ahlfors,1907—1996)、贝尔斯(Bers,1914—1993)、库朗等.

苏联也有一些犹太数学家,如柯尔莫戈洛夫、盖尔范德、M. Γ. 克莱因(M. Γ. Крейн,1907—1989)(他们都是沃尔夫奖获得者)等,他们对于世界数学做出了不可磨灭的贡献.

4.1.2 数学家的成长道路

今天,绝大多数数学家的成长道路大同小异.起始是,产生对数学的爱好及兴趣,表现出对已有一些数学的理解,开始有一些创造性的工作.然后,经过一定的培养及训练,逐步成为一个成熟的数学家,一般走上职业数学家的道路.最后是在学术阶梯上逐步攀登,在学术界及社会上产生影响.

由于社会条件不同,只有极少数天才能顺利地脱颖而出.如高斯及冯·诺伊曼.许多天才需要战胜当时社会的愚昧和偏见,如阿贝尔及伽罗瓦.但大多数数学家还不能说是天才,他们几乎都是按部就班地成为数学家的.

数学家开始做出他们第一个重要成果的时间不大一样,只有极少数人在 20 岁之前能这样,他们理所当然地可称为天才.

帕斯卡:《圆锥曲线论》,帕斯卡定理(1640).

A. C. 克莱洛:(A. C. Clairaut,1713—1765),《挠曲线的解析研究》(1731).

高斯:正十七边形(1796).

伽罗瓦:代数方程和置换群论(1830).

闵可夫斯基:二次型理论.

冯·诺伊曼:序数理论(1922).

В. И. 阿诺德(В. И. Арнольв,1937—2010):希尔伯特第 13 问题(1956)

在 20 岁到 25 岁之间做出很大贡献的也不太多:

牛顿:微积分概念(1665).

高斯:《算术研究》,计算小行星轨道(1801).

阿贝尔:代数方程及椭圆函数(1824—1826).

雅可比:椭圆函数(1827).

爱森斯坦:数论(1844).

克莱因:埃尔兰根纲领(1872).

庞加莱:自守函数论(1878).

拉姆塞:逻辑及组合理论(1925—1929).

盖尔芳德:在希尔伯特第七问题首先取得突破(1929).

史尼列尔曼:密率理论和范畴理论(1930).

哥德尔:完全性定理及不完全性定理(1930,1931).

配莱:调和分析(1933).

图灵：图灵机(1936).

格罗滕迪克：局部凸空间理论(1953).

米尔诺：7维球面上的奇异微分结构(1956).

费弗曼：哈代空间H^1与BMO对偶关系(1971).

无疑,在25岁之前做出大贡献的数学家大都具有非凡的创造性,如果假以时日,在下一个25年中会成为第一流大数学家.

大多数数学家在 **25岁到30岁** 之间开始崭露头角：

黎曼：几何函数论及黎曼几何观念(1851,1854).

康托尔：集合观念(1873).

林德曼：证明π的超越性(1882).

希尔伯特：不变式论基本定理(1888).

E. J. 嘉当：复单李代数分类(1894).

勒贝格：测度及积分论(1902).

伯克霍夫：证明庞加莱最后定理(1913).

阿廷：一般互反律(1927).

耐凡林纳：亚纯函数值分布论(1925).

柯尔莫戈洛夫：概率论公理化(1933).

惠特尼：微分流形理论(1936).

索保列夫：广义解概念(1936).

盖尔范德：赋范环(1936).

塞尔：同伦论、多复变函数(1951—1955).

罗斯：代数数的有理逼近(1955).

科恩：连续统假设的独立性(1963).

陶哲轩：多个领域突破性的成就(2001—2005).

30岁到40岁是数学家的黄金时代,是数学家思想的成熟时期,工作上的多产时期,许多数学家在这个阶段完成他们一些最好的工作.如库姆尔对费马大定理的突破,李得出变换群观念,阿达马对素数定理的证明,S. 巴拿赫(S. Banach,1892—1945)的线性赋范空间理论,小平邦彦在代数几何学的一系列成就,阿蒂雅-辛格得出指标定理等.陈省身、吴文俊在这个时期得出高斯-邦内公式的推广以及陈示性类的,华罗庚、吴文俊在这段时期的研究也是广泛而多产.

40 岁到 50 岁,数学家一般开始走下坡路,不过沿着原来熟悉的路走下去,仍然会有很大发展,如 E. 诺特建立抽象代数学,怀尔斯证明费马大定理.可以说,25 岁到 50 岁是数学家创造的黄金时代.

50 岁以上的数学家一般不太容易接受新思想,不太容易改变自己原有的思维模式.不过有的数学家在环境条件比较优越的情况下仍然会有新的创造.例如,埃尔米特 50 岁证明 e 是超越数.魏尔斯特拉斯近 60 岁才发表关于函数论及代数诸多结果.

至于数学创造时期是否有上限还不敢说.丢东涅说,数学家到 70 岁以上就很难有大的创造了.这也不一定,魏尔斯特拉斯关于连续函数的逼近定理是过了 70 岁才发表的.这个定理不仅本身重要,它还开辟了函数逼近论的新方向.如果说,创造能力到 70 岁,一位数学家仍然可以是好的数学史家及数学著述家或数学教育家,韦伊、丢东涅、范·德·瓦尔登虽到耄耋之年,仍有大著行世,他们真正可以说是为数学奋斗终身了.

* * * * * * * * *

数学家成长的过程一般可分为两个阶段,前一阶段是学徒阶段,这个阶段一般持续到在导师指导下写出一篇优秀的论文——通常是博士论文为止,其后一个阶段是成熟阶段,他还要继续学习,将自己的潜力发挥到最大限度,成为一个好的数学家.数学家的成长一般通过四个途径:

(1) 自学成才.

(2) 良师指教.

(3) 正规教育.

(4) 参加活动.

这四种途径也可以有某些重叠.第二次世界大战以后成长起来的数学家 99% 以上是通过第三条途径培养起来的,他们按部就班上小学、中学然后上大学数学系,毕业以后读研究生取得硕士学位(如果有的话),然后做博士生,写完博士论文,取得博士学位,这标志社会承认他可以成为一名职业数学家.现在欧洲、北美及日本数学家成长道路都是如此.法国的国家博士要比大学博士更难一些,数学家取得博士学位年龄通常为 25 岁或更大一点,这一阶段,学生受大学教授特别是博士论文导师影响很大,他还通过其他途径增长学识及见识,参加讨论班、学术会议也会使他受益匪浅,广泛地阅读及交流都对他的成长有好处.因此在欧美,比较顺利的情况下,只要自己努力,成长为一名数学家并不困难.当然,许多社会因素如经济条件、未来职业出路等对于数学家人数自然地进行某种控制及调节.

第二次世界大战以前,职业数学家要少得多,大多数国家没有正规的小学、中学、大学、研究院一套完整的培养制度,学习受到很多的条件限制,数学家的成长主要靠自学,高斯以前的数学家大都如此.他们即使接受一些"正规"教育,与后来的数学职业也是不太相干的.正规教育比较成功的是狄利克雷、雅可比以后的德国一些大学的教育培养制度.而19世纪法国大学主要培养工程师及中学教师.英国连学位也没有,数学家成长基本靠自己,这种情况一直到第一次世界大战以后才改变.由数学家的名单可以看出,法国19世纪数学家人数少,质量高,有一些是非正规教育培养不出来的天才——像柯西及庞加莱.而德国模式则是现在西方(也包括东方)培养数学家的摹本,大数学家黎曼、希尔伯特、E.诺特、魏尔斯特拉斯都是正规教育的产物.

第二次世界大战之前,苏联及波兰产生一批大数学家,有的人多少受过正规教育,但许多人的成长得力于集体活动,波兰一些数学家在两三个中心的活动导致一批数学家成长,苏联鲁金学派更是数学家的摇篮,许多数学家还在大学时代就参加鲁金的讨论班并因解决一些难题而崭露头角.大数学家盖尔范德只有初中学历,他就是在柯尔莫戈洛夫指导下参加讨论班活动而成长起来的.

拿到博士学位之后的几年间对数学家的成熟与否至关重要,有时会决定其一生的学术命运.在这方面,德国的做法也值得借鉴,一位德国学生拿到博士学位之后,在取得讲授资格之前,往往有一两年到各处去游学,甚至到外国去,这就大大开阔了他的眼界,接受不同的影响,往往使他的学术思想产生一个飞跃.与希尔伯特年龄相仿的数学家有亨译尔、A.克内泽(A. Kneser,1862—1930)、H.布克哈特(H. Burkhardt,1861—1915)、H.布隆恩(H. Brunn,1862—1939)、V.埃贝哈德(V. Eberhard,1862—1927)、E.史图迪(E. Study,1862—1930)、P.施特克尔(P. Stäckel,1862—1919)、F.恩格尔(F. Engel,1861—

1941)、K. 富瑞克(K. Fricke,1861—1930),他们数学都不错,有的人取得博士学位还比希尔伯特早一两年(恩格尔 1883 年,克内泽 1884 年),而且博士论文的水平也不比希尔伯特的差,但是希尔伯特从 1885 年到 1888 年三年间成熟为一位大数学家,并做出独特的贡献,而其他人则要迟,甚至一直没有突出的工作.这三年的游学生涯对希尔伯特的成长有决定性的影响,一直到莱比锡去见克莱因,并接受克莱因的意见到巴黎去,这样他了解当时法国的大数学家在做什么.其后又去柏林,知道德国最大的数学中心的情况,后来又同包括克罗内克在内的 20 位德国数学家交谈,并做了记录,这份记录现在保存在格丁根档案馆中.同时,他开始记数学笔记,其中考虑数学各方面的问题.希尔伯特 23 个问题都能从这些笔记本中找到最早的来源.其他大数学家的成熟时期有的长些,有的短些.外尔在 1908—1913 年趋于成熟,其间他接受爱因斯坦的影响.冯·诺伊曼在 1925—1927 年接受 E. 诺特及量子力学以及希尔伯特的影响.阿廷在 1921—1923 年在格丁根受到各方面影响,其中包括日本数学家高本贞治的论文.有的数学家似乎没有明显的成熟阶段.哥德尔从 1929 年开始接触数理逻辑之后,1930 年就完成其两项最伟大的工作——证明完全性定理和不完全性定理.黎曼在 1851 年博士论文中已显示自己的威力,其后写出一篇接着一篇有分量的论文,无疑,他受到高斯特别是狄利克雷的影响.不过,恐怕更多是个人的天才.然而,除了这种少数天才之外,绝大多数数学家的成长,是社会化培养制度的结果.

4.2 数学家的职业化

现在,数学家作为一种职业并不罕见,不过从社会学来看,这的确是一个很复杂的、有争议的问题.数学家乃至科学家与传统的职业有很大区别,传统的职业有工匠,他们出卖劳动及技能挣工资,另外还有牧师、医生、律师等,他们靠应用他们的知识取得报酬,这两种情形虽有体力劳动及脑力劳动的差别,却有一个共同点——存在一个非专业的雇主或顾客,或者说,他们"产品"的消费者.但是,数学家乃至科学家作为职业却没有这样的"消费者",也许有人认为,他们的雇主是自己、少数同行或者"国家".这是因为他们作为知识的生产者和传播者不一定有立竿见影的应用,那么,谁来供养这些没有直接效益的知识创造者呢?实际上"科学家"(scientist)这个词一直到 160 多年前(1840)才为 W. 休厄尔(W. Whewell,1794—1866)所创造,尽管当时已有不少科学家,但他们的职业却不是科学家,科学不过是业余活动或半业余活动,数学家则更是如此.真正职业化过程到 19 世纪中期以后才逐步完善起来.数学职业化的过程相当复杂,各国情况也出入很大,大体说来也要经历几个阶段.

首先,职业数学家也像其他职业一样,是从"应用"知识开始的,这时的职业数学家是介于工匠及专家之间,然后,随着数学知识在社会上应用日益广泛,数学开始逐步成为一般人的基础教育内容,这对社会产生了数学教师的需求,而培养数学教师也成为数学职业化的重要一步.其后由于数学知识的专门化及复杂化,专门的教学家也应运而生,在大学里设立数学教授的职位逐渐多起来.随着 19 世纪世界经济的扩展,专门的数学知识在教学之外也有了用武之地,特别是工程技术以及银行、保险、统计等许多领域,都逐步需要雇佣更为专门的职业数学家,数学家的职业范围也就日益扩大了.不过一直到 18 世纪末,还没有真正培养数学家的高等教育,以前的大数学家从笛卡儿和费马到高斯及狄利克雷几乎都是靠阅读前人著作而自学成才的.数学的社会化就要求建立一套完整的、行之有效的培养高级专家的制度,而真正培养专业数学家(从事研究的高级人才)应该说是 19 世纪中期从德国开始的.从雅可比和狄利克雷在哥尼斯堡大学、柏林大学及格丁根大学的教学活动,使得专业数学家培养制度化,形成一代又一代职业数学家队伍的主体.到 19 世纪末、20 世纪初,各国培养职业数学家的制度逐步从建立到完善,数学社会化——职业化过程才最终完成.

从历史上看,数学家的职业化是因时因地而异的.随着商业的发展,15 世纪实用算术有一定普及,当时产生计算专家及数学教师的职业.而在大学当中,虽然算术及几何都是属于七艺的基础课,但是要求很低.15 世纪上半叶,牛津大学毕业的学士只要求会一点点算术即可毕业,巴黎大学也是如此,而意大利只有在大学外才产生出 4 本商业算术教科书.

印刷术在 1464 年引进意大利后,次年就出现第一本印刷书籍,但第一本印刷的算术书直到 1478 年才在特雷维索出版. 到 1500 年, 至少共出版 214 种数学著作, 而在 16 世纪总共达 1527 种. 不过, 大多数书是初等的、实用的算术. 这时, 由阿拉伯文对希腊经典的翻译也逐渐开展起来, 1482 年, 欧几里得的译本在威尼斯出版, 不久之后, 1494 年, 教士 L. 帕其奥利(L. Pacioli, 约 1445—1509)的总结性数学著作《算术、几何、比及比例论大全》出版. 他的职业是家庭教师, 但不是作为独创性数学家.

到 16 世纪, 意大利的数学家 S. 费洛(S. Ferro, 1465—1526)是波伦那大学(1158 年建立)的数学教授. 其他人如达·芬奇是杰出的艺术家、科学家, 靠意大利及法国贵族保护人才得以完成他众多伟业. G. 卡尔达诺(G. Cardano, 1501—1576)是医学及法律教授, 是个多面手. N. 塔塔利亚(N. Tartaglia, 约 1499—1557)自学出身, 靠教书为生. 这些人都对数学有创造性贡献, 到 1589 年, 伽利略在比萨任数学教授, 一年工资相当于 65 美元, 而同时医学教授有 2150 美元, 可以看出当时对数学的不重视以及工资微薄得不足以维持生活. 他的学生 B. 卡瓦利埃利(B. Cavalieri, 1598—1647)是耶稣会教士, 1629 年到 1647 年在波伦那大学任数学教授. 伽利略晚年也是靠托斯卡尼的菲迪南大公保护, 他去世后, 他的学生 E. 托利拆利(E. Torricelli, 1608—1647)继他成为大公的数学家及哲学家. 在有保护人的情形下, 他们才有条件做出一些独创性的贡献, 这时意大利的数学只能说是半职业化.

1647 年, 托利拆利去世, 意大利数学趋于衰微, 法国成为数学大国, 但法国在 17 世纪没有职业的数学家. F. 韦达(F. Viète, 1540—1603)是大官, 笛卡儿自己有财产, 也受王公贵族的保护, 费马是法官, 是典型的业余数学家, 帕斯卡父亲是法院院长, 本人从来没有出外谋生. G. 德萨格(G. Desargues, 1591—1661)当过短期军官, 本人有财产. G. P. 德·罗勃瓦尔(G. P. de Roberval, 1602—1675)是哲学教授, 后来才是王家学院数学教授. 法国数学家由于环境优越, 他们生活有保障, 有时间从事科研工作, 因此产生出数学的黄金时代.

从 18 世纪一直到 19 世纪初, 大多数法国数学家仍然受到各种保护.拉格朗日先是柏林科学院院士,后来到法国,在巴黎科学院领取年金,拿破仑封他为贵族.拉普拉斯也被封为伯爵,波旁王朝复辟后仍然居高位.傅里叶是拿破仑的省长.蒙日及卡诺是衷心拥护共和制的人,复辟之后倒了霉,他们是半职业的数学家.

随着高等师范学校特别是综合工科学校的建立,法国培养了许多教师及工程师,他们逐步成为最早的职业数学家.很长一段时期,法国数学家的职业是工程师、教师及教授,一直到第二次世界大战之后才变得多样化.

英国数学职业化进程远比德、法两国缓慢,除了少数大学教授职位之外,很少有其他工作.而大学数学教授席位很少,又是终身制.剑桥大学鲁卡斯(Lucas)数学教授席位在1663年开设,第一位是牛顿的老师J.巴罗(J. Barrow,1630—1677),巴罗在1669年去当国王查理二世的私人牧师,把它让位给牛顿.这个职位薪金不高,牛顿任此职到1701年,实际上在1696年已去造币厂任职,这时,他对数学的研究工作已基本停顿.牛津大学在1619年设立塞维尔(Savile)数学教授席位,E.哈雷(E. Halley,1656—1742)曾任塞维尔天文学教授.J.瓦莱斯(J. Wallis,1616—1703)从1649年到1703年去世一直是塞维尔几何学教授.J.格雷高里(J. Gregory,1638—1675)是1674年新设立的苏格兰爱丁堡大学数学教授,他们都是当时杰出的数学家,有独立的研究工作.但18世纪的英国数学开始落后,这些职业数学家缺少创造,他们多只从事教课及著述.到19世纪,英国最重要的数学家凯莱干了14年法律事务才就任剑桥大学专为他新设立的塞得勒(Sadleir)数学教授席位.他业余时间研究数学.他的好友西尔维斯特也从事法律工作多年,由于他是犹太人长期不能在英国得到教授职位,只得去美国,结果推动美国数学的发展.

这样,到19世纪后半叶,发展数学的主要国家——法国、德国和英国,数学家在很大程度上职业化,同时形成了比较完备的培养职业数学家的体制,靠自学成才的业余的数学家越来越少.但是在数学落后的国家,数学家的职业化过程要相对迟一些.至于许多经济技术落后的发展中国家,至今这个过程仍然尚未结束.

4.3 数学家成长的社会条件

数学知识的创造及传播很大程度上靠数学家个人的努力,不过在贫瘠的社会土壤上也不可能结出硕果.社会必须有适当的经济、技术、教育、科学文化以及生活水平才能够使数学发展有一个基础.社会必须为数学家的成长提供条件,必须使天才青年得到发现、培养及训练,使他们能走上科研及教学第一线.随着社会的进步,必须为数学家提供越来越多的职位.科学在交流中发展,社会必须为数学家创造良好的交流条件,特别是同国外同行接触的机会.对于有成就的数学家,社会应该提供资助及鼓励,只有这样,数学才能稳步、持续地向前发展.

数学家的主要工作是创造及传播数学,但不是所有人都有兴趣或有能力这样做.数学家需要有一定的天赋和某些品质,这些并非所有人都具备.许多人对数学游戏及需要动脑筋的棋类及扑克牌游戏(特别是打桥牌)有兴趣,它们在某些方面接近数学,但这并不是真正专业数学.有许多业余爱好者喜欢钻研一些难题,但他们往往钻牛角尖,对于真正数学家的劝告充耳不闻,不管什么是数学,也不管什么是证明,一门心思钻到像用圆规、直尺三等分任意角以及用初等方法解哥德巴赫猜想或费马大定理中去.这两类人并不能说具有数学家所需的品质和才能,他们与真正数学家的差别就同业余的歌手与真正的音乐家的差别一样.数学家需要有一定的天赋和才能.

数学家的天赋及才能到底是什么?如何发现?它们在人群中的分布情况如何?这些都是极难回答的问题.应该说,数学才能同音乐、美术等艺术才能一样,在儿童身上就能表现出来.不过,艺术才能在儿童身上表现要早得多.而数学才能的表现常常受到社会环境的影响,有时由于认识上的原因,遭到误会.苏联大数学家柯尔莫戈洛夫曾在"论数学才能"一文中指出:数学才能主要表现在数学演算、几何直观及逻辑推理.由于社会上群众对于数学理解的肤浅,有的人往往把速算与心算当成数学天才的标准.这实际上是大错特错.现在可以这么说,单纯机械的加、减、乘、除的快速运算与数学才能并没有什么直接关系.除了少数极富天才的数学家(如冯·诺伊曼)之外,他们无论是儿童时期还是后来成为数学家之后,在四则运算方面一如常人,有些大数学家如庞加莱还说自己碰到复杂的加法及乘法总要出错.这样看来,数学天赋的评价不单纯是个心理学问题,还是个社会问题——社会对数学的认识及对数学才能的评价.

还有一个与此有关的问题是,数学才能和创造品质是否与种族、民族有关? 从历史上来看,每个种族发展的数学程度差别很大. 而且处于同样的欧洲文化背景中,各国的数学发展的质量及数量也是极为悬殊的. 近现代数学主要是从欧洲发展起来的. 法国、德国、美国及意大利都产生不少优秀数学家,而同样在世界政治中起着举足轻重作用的西班牙及土耳其(奥斯曼帝国),却找不到哪怕是一位优秀数学家. 这里还必须补充一句,当时这两个超级大国为了完成他们霸业的社会需要——海外殖民及改进战术及武器装备,似乎也应该发展数学乃至自然科学,按照生产及社会需要的观点,它们也应该产生牛顿及高斯. 可实际上,不但没有产生牛顿与高斯,连 G. F. A. 德·洛必达(G. F. A. de L'hospital,1661—1704) 及 E. W. 冯·车仑豪斯(E. W. von Tschirnhausen,1651—1708)也没有出现. 这是为什么? 难道是种族及民族原因? 实际上并非如此,到了 20 世纪,连以前西班牙的殖民地,如墨西哥及阿根廷都出现了像 A. P. 凯尔德隆(A. P. Calderon,1920—1998)这样的分析大家,甚至以前经济落后的非洲也产生一些优秀的数学家. 可见种族主义的偏见是站不住脚的. 问题的实质在于社会条件及当时的数学认识水平决定人们是如何发现数学天才,为培养数学家创造良好条件的.

数学家成长的起码的社会条件:

(1)有数学才能的人至少能够受到初等教育,以创造他们表现自己天才的社会环境.

(2)必须使他们接触数学家及真正数学论著,使他们理解什么是真正的数学创造.

(3)他们有表现出创造性的机会(发表论文的期刊、学术会议,得到数学权威的举荐及好评).

(4)成为职业数学家的社会经济保障.

4.3.1 基础教育与正确引导

任何数学家都不是天生的. 他们才能的最初表现也都是在最早学读、写、算时表现出来的. 基础教育的普及是不埋没潜在数学天才的必要条件. 数学天才有很大的普遍性, 远不是只出生在城市里的有钱人家庭, 大数学家高斯及 E. J. 嘉当都出生在没有文化的乡镇, 要不是及时发现, 很容易就被埋没掉. 在基础教育不普及、文盲成堆、贫困落后地区, 大量有才能的苗子成为社会的牺牲品. 只有连续稳定的基础教育体制, 才能产生出各类人才, 包括数学人才. 所有先进国家在产生数学家时, 都有比较完善的基础教育, 不论是英、德、法还是美国、苏联、日本, 教育的普及及形成制度都是不可少的社会条件.

由于初等教育只重视数的计算, 对于学生的教学极易产生误会及误导. 数学主要应培养思维能力, 而不是机械计算, 那种把力量花在教速算、教机械记忆, 实在是误人子弟. 联合国有一位翻译, 几秒钟就能算出 8 位乘 8 位数, 还能记住几百位 π 的值, 但这些只是好玩, 他的工作是运用他会的 16 种外语当翻译, 这才是真正有用的人才. 单单会速算, 只能算是杂技, 在社会上实际用处不大.

4.3.2 职业选择及职业培养

为了成为一名数学家, 仅有天赋及兴趣是不够的, 他还需要一定的职业训练. 一直到 18 世纪末, 还没有真正培养数学家的高等教育. 从笛卡儿、费马到高斯、狄利克雷, 都可以说是自学成才的, 他们的方法大都是阅读前辈的著作而达到科研第一线. 稍后一些的狄利克雷, 开始有机会同他们的前辈数学家进行个人接触而获得教益, 狄利克雷到法国接触傅里叶等人使德国开始学习和研究法国的数学物理学, 而高斯这位伟大的天才则全是靠自己一手创造德国的数论传统, 狄利克雷只需要紧跟就是了. 其后职业数学家在德国出现, 数学家开始在大学受到严格的训练及培养, 自学成才的极为罕见. 他们提供的职位并不多, 但是想当数学家的人还是有一个颇好的前景. 在 19 世纪, 许多数学家在职业选择时大都不是一帆风顺的, 因为数学家的最好职业是大学教授, 但这个职业比起传统的高级职业——牧师、法官及医生, 从社会地位及收入来讲并不是十分诱人的. 特别是出身于中上阶层的子弟, 他们的家庭往往阻止他们专攻数学、物理, 而希望他们选择更有前途的事业——去上神学院、法学院及医学院. 许多人走过弯路: 黎曼第一年读神学, 麦比乌斯读法律, 格拉斯曼学习神学及古典语文学. 尽管如此, 他们还是能听数学方面的课, 只要条件允许, 他们成长为优秀数学家并不存在什么大的障碍. 19 世纪中叶起,德国有雅可比和狄利克雷这样优秀数学家兼好的老师,他们建立数学和科研相结合的制度,一个接一个数学中心的建立(先是柏林、哥尼斯堡,后是格丁根、莱比锡,逐步扩散到二三十所大学),数学家培养训练工作系统化,这些都促成了德国数学欣欣向荣的局面.

法国要比德国更早,在法国大革命的冲击下,建立了高等师范学校及综合工科学校,这两所学校成为培养数学家的摇篮. 从 19 世纪初起,绝大多数法国数学家来自这两所学校,这也形成了法国数学自己的传统. 但是,综合工科学校这类"大学"培养目标与大学并不相同,它们主要是培养工程师. 许多法国数学家接受的是工程师训练,甚至做了一段工程师的工作,如柯西、拉梅、庞加莱. 但是他们通过这些学校的确是学到了法国的数学、力学传统,而 19 世纪法国数学的领袖人物,如刘维尔、厄米特和若尔当都是综合工科学校的毕业生. 高等师范学校是培养中学教员的,但这里培养出的人才水平往往远远超出一般大学的水平. 从达尔布 1861 年同时考上综合工科学校和高等师范学校而选择高等师范学校起,高等师范学校成为培养法国数学家,特别是纯粹数学家的摇篮. 从 E. 毕卡(E. Picard,1856—1941)、É. J. 嘉当、E. 波莱尔(E. Borel,1871—1956)、R. 拜尔(R. Baire,1874—1932)、勒贝格到布尔巴基的历代成员:韦伊、H. 嘉当、C. 薛华荔(C. Chevalley,1909—1984)、丢东涅、J. P. 塞尔(J. P. Serre,1926 年生)等大数学家都在这里完成他们的数学训练. 这种定向培养的传统不仅有助于优秀人才的选拔,而且形成自己越来越高的传统,使得在这方面落后的国家相形见绌.

4.3.3 成果发表

19 世纪初之前,数学家对于自己的成果往往并不急于发表. 牛顿的微积分工作在发现三四十年之后才发表,高斯对自己的工作也不轻易发表. 他们往往有可靠的职位,无须为争取职位及奖励操心. 19 世纪 20 年代以后,数学家逐步成为一项职业,而取得这种职业必须靠数学家的工作成果,同时这种成果还必须取得数学家共同体特别是其中权威人士的承认及肯定. 这促使专业数学杂志的产生,对于数学发展有影响的重要杂志首推德国工程师及数学家 A. L. 克雷尔(A. L.

Crelle,1780—1855)于 1826 年创办的《纯粹与应用数学杂志》,为纪念创办者,简称克雷尔杂志.这个杂志是伴随一批年轻的数学家的重大成果一起发展起来的.在第一、二卷发表了挪威数学家阿贝尔的关于五次方程、椭圆函数及阿贝尔函数的重要论文,这些论文影响了整个 19 世纪数学的发展.考虑到他在德国、法国一直没有受到权威们的重视,这些论文的确为他谋求数学职位开辟了道路.由于他的早逝,生前虽然没能够得到他应得的地位及荣誉,但是 1826 年 4 月 6 日他去世不久,他的工作已获得各方面的承认:德国柏林大学的任命以及 1830 年法国科学院大奖.同样,雅可比、狄利克雷及史坦纳也是克雷尔杂志主要的撰稿人,他们是最早一批职业数学家,而且是靠他们的著作——主要是创造性论文取得的.这个传统后来为库默尔、魏尔斯特拉斯、克罗内克等所继承.克雷尔杂志成为最高数学水准的标志,数学家以在这家杂志上登载论文为荣.克雷尔杂志的声誉也使它成为数学家掌握当时数学方向最主要的信息来源.不过,克雷尔杂志创办四五十年之后就带有主编的偏见以及柏林地方色彩,因而促使其他数学期刊的诞生,特别是格丁根的克莱布什及诺伊曼在 1868 年创办的《数学年刊》,这个杂志后经克莱因的长期经营成为柏林以外数学家特别是格丁根数学家发表论文的"场所".这种唱对台戏杂志的出现,不仅增加数学论文发表的数量,从而推动数学的发展,而且促进有价值的数学成果得到广大数学家的承认,如康托尔的集合论论文被克罗内克拒绝发表,康托尔把论文投到《数学年刊》上,得到发表.1882 年瑞典数学家米塔格-莱夫勒创办《数学学报》,把康托尔的集合论论文翻译成法文发表,更促使集合论的传播.这些论文虽然没能使康托尔获得他向往已久的柏林大学教授职位,但却奠定了他在数学界的地位,在 1890 年成立的德国数学家联合会中,康托尔被选为首届主席,其后不久集合论也获得越来越多的数学家的承认.

  克罗内克还反对庞加莱的论文在《数学学报》上发表,但是没有成功.庞加莱的自守函数论为自己建立了世界级数学家的声誉.这些都反映出数学杂志在数学家的成长及成果传播中的作用.数学期刊的数量反映数学发展的状况,反映数学与社会的相互关系.它还反映数学家的激烈竞争,使数学家及数学杂志产生分化及分层.最好的数学杂志有着最优秀的数学家作它的主编及编辑,他们只接受最优秀的论文,而在这种杂志上发表论文的数学家无形中得到高级的评价,对于他的谋职及晋升有很大好处.相反,二三流数学期刊的论文就没有那么普及了.

4.3.4 职业保障

数学家为了能够从事数学创造,必须有起码的物质保障及职业交往.19世纪以前,数学家的工作机会并不多,如果他们没有私人财产,又没有保护人及科学院来保证他们能够过比较富裕的物质生活,那么他就必须谋求社会上的职位.这种职位一般是接近数学工作的,或在数学科学范围之内.例如天文台及大地测量工作.高斯长期从事天文及测量工作,这占据他大量时间,以致他在纯粹数学方面的许多研究是"业余"的,而且他对微分几何的研究也是多年以来从事实际测量工作的结果.但格丁根大学的教授及天文台台长职位使他的物质生活有了保障,他养活一大家人而且晚年有相当的积蓄.麦比乌斯、哈密顿都曾是天文台台长.19世纪上半叶,这些接近数学的职位并不多,许多数学家或长或短从事其他职业.英国数学家凯莱及西尔韦斯特曾长期从事律师工作,法国数学家柯西、拉梅、庞加莱曾短期担任工程师工作,魏尔斯特拉斯长期教中学数学以外的课程(包括体育),克罗内克经营自己的田庄及金融事业.

19世纪中叶以后,数学家的职位有增多的趋势.这在德国表现最为明显.到19世纪末,德国有20所综合大学,其中哲学院设有数学正教授席位近50个,另外还有少数(十几个)副教授席位,正教授及副教授都有较优厚的待遇,足以维持中等以上的生活水平.另外还有近10所工业大学也有数学教授席位.不过各地的工资并不相同,柏林大学较高而"小"地方则较低,这也导致优秀人才相对集中.一些著名数学家(如希尔伯特)就总是要受到招聘影响,形成流动的趋势.不管怎样,获得教授职位使他们终身生活有靠,他们可以安安稳稳地在这个职位上过一辈子,当然他们既要研究教学工作又要研究科研.一般来说教授职位是有志从事学术活动的数学家最理想的目标,但要达到这个目标并不容易,因为在大学专攻数学的人数大约是席位数目的10倍甚至更多.而且想得到某一职位,首先要取得博士学位,其次要取得讲授资格.取得讲授资格后,可以在大学开课,他的收入靠从学生那里收取听课费,而听课费与听课学生的数目有关,开始有二三人听课,后来有几十甚至上百人听课.一般几个人听课时,只靠这点收入是不足以维持基本生活的.大多数人要靠家庭资助熬过这段时期,等待有人聘请.最终成为正教授的年龄并不一样,最年轻的是克莱因,他 1872 年 23 岁成为正教授,而魏尔斯特拉斯近 50 岁才成为正教授.这并不反映他们的水平高低及贡献大小,而是与机会有一定的关系.数学教授的席位数目一般固定,只有在特殊条件下才增加,因为每增加一个职位,国家或地方政府就要开支一份薪水,而且薪水也要不断增长.只有在教授退休去世或离职才有空缺,这才有替补的机会.在这种情况下,需要教授评议会的评选,评选出三位候选人,如第一位候选人不就职,则通知第二位候选人,依此类推.每个大学都是从已取得无薪讲师资格的许多人中选拔他们的候选人,而只有那些在取得讲师资格后发表有分量的论文的人才能入选,当然也有请别的大学的教授及副教授的,竞争比较激烈,不过基本上还是公平的,因为唯一的标准是学术贡献.一般来讲,发表过重要论文的年轻数学家不致被埋没,最优秀数学家终究可以取得正教授的席位,不过时间有迟有早罢了.但是这段生活、职位不稳定的时期并非所有人都熬得过去,所以也有相当一部分人走另一条路,即不考学位而是通过国家考试去当中学教员.中学教员的最高职位也是教授,其次是高级教员和教员.拿了博士学位或还未拿学位的人也可以先靠教中学维持生活,中学教员的待遇不错,社会地位也很高,生活也稳定.不少数学家曾经教过中学,如魏尔斯特拉斯、库默尔、基林、弗洛宾尼乌斯等人;有些数学家从来没有在大学任过教,如格拉斯曼、舒伯特等人,但这并不影响他们在学术界的地位,如舒伯特是德国数学家科学大百科全书的主要撰稿人,他们的工作也受到许多人的关注.

4.4 数学家的职业方向

当今世界上绝大多数数学家从事数学教学工作,主要在大学及各种学院,也有一部分在中学教书.他们在教学之余从事研究工作,许多国家有许多时期教学任务很重,每周 20 小时以上并非罕见.对于大多数数学家来讲,较轻的教学任务实在是求之不得的事.除了课堂教学之外,许多人还要作主考教员以及评阅考卷工作.日本数学家志村五郎曾谈到入学考试时教员每人要评阅 5000 份考卷的情形.本来教师没有必要从事科研工作,但自 19 世纪中期以后,从德国开始,许多国家也陆续仿效,教师(尤其是大学)的晋升主要靠研究论文,这就形成在某些学校一种重研究轻教学的倾向.美国许多名牌大学靠它的科研成果及博士培养来评分,但它们大学的名牌教授有时却根本不备课,挂黑板的事也屡见不鲜.这样,真正培养数学家的任务放到研究院去了.培养研究生、指导博士生是真正创造性的教育工作.

只有少数数学家有幸专门从事科学研究.一种机构是科学院等学术团体,特别是苏联的科学院的一些研究所.西欧及北美只有少数的职位,如美国的普林斯顿高等研究院只有少数教授及终身研究员职位,大多数的研究员是流动的.法国的高等科学研究院也是如此.美国新建的几个数学研究所主要是流动职位.美国雇佣数学家的研究机构主要是公司及大企业的研究部门、政府研究部门以及一些非营利的单位.许多应用数学家在商业机械公司(IBM)及美国电报电话公司等大企业的研究机构工作.如 R. 哥美瑞(R. Gomory,1929 年生)曾是 IBM 的研究部主任.以分维集理论风靡世界的曼德尔布洛特(B. Mandelbrot,1924—2010)是 IBM 华生研究中心的科学家.当贝尔实验室在 1925 年成立时,就有数学研究组织,这成为贝尔实验室具有强大技术优势的原因之一[①].申农在贝尔实验室研究出他的信息论数学理论,组合论专家 R. L. 格拉汉(R. L. Graham,1935 年生)曾任贝尔实验室数学及统计研究中心主任,H. 波拉克(H. Pollak,1927 年生)先在贝尔实验室、后在贝尔通信研究公司工作.

政府部门的研究所也是数学家工作的好地方.O. 陶斯基(O. Taussky,1906—1995)曾在美国标准局长期工作.原子能委员会、农业部、能源部也都雇佣许多数学家.

非营利的研究机构也雇佣许多数学家,像兰德公司那样的智库也吸收数学家工作,如著名的未来学家 H. 卡恩(H. Kahn,1922—1983)

---

① D. J. Albers, *Mathematical People*, Birkhäuser, 第 239-240 页.

就是应聘去的运筹学专家.据统计,兰德公司有 1/5 到 1/4 是修数学出身的,其中有几十位有博士学位.以上的机构是比较理想的研究机构,但工资优厚的还是实际工作部门的职业,如大工厂企业的设计工作(如飞机、汽车等)以及保险公司的保险统计员,还有各单位的数据加工及计算机管理操作等工作.

还有一少部分数学家从事行政管理及咨询工作,如美国科学研究委员会、原子能委员会(冯·诺伊曼曾任该委员会委员)以及各种基金会(特别是国家科学基金会)的行政职务.

4.5　数学家的社会、政治活动

多数数学家在他们的研究及教学工作之外,几乎没有其他的社会活动,有些人甚至连学术行政工作也没做过,如哈代.只有少数人担任行政官职而不影响他们从事研究工作,如傅里叶任法国伊塞尔省省长的同时还做热传导研究并取得巨大成果.意大利统一后十分重视学者,许多数学家担任议员或部长,对发展科学、教育事业做出贡献,如 E. 贝蒂(E. Betti,1823—1892)、布廖斯奇等人.克莱因的组织活动对德国科学的发展有巨大推动作用.法国经过 100 多年的政治动荡,1880 年以后趋于稳定,这时科技知识分子的地位有所提高,其后半个世纪,有些数学家曾担任重要行政工作,如 P. 班勒卫(P. Painlevé,1863—1933)发展航空事业,战时当过部长,还两度出任总理.保莱尔当过议员及部长.他们的情况与傅里叶不同,两人都是在数学上功成名就之后转而从事政治工作的.这对数学家也未必不是一种最优选择,年纪大从事科研工作,所产生的社会影响可能就不如行政组织工作了.

在非常时期,特别是战争时期,数学家的作用相当之大.第二次世界大战期间,冯·诺伊曼直接参与了曼哈顿计划,计算了原子弹爆炸的后果,他关于计算机的工作更不可忽视;乌拉姆的纲领则是使美国氢弹制成的关键;其后冯·诺伊曼参加原子能委员会,对于许多高级决策,贡献了重要的意见.以至后来流传一句话,在做重大决策之前,要先同冯·诺伊曼商量,这不仅与他的数学思维方式有关,还与其历史感有关.

除了这两位数学家的贡献特别突出之外,法国大革命时,卡诺被称为"胜利的组织者". 1870 年,在普法战争打响之后,克莱因从巴黎赶回,立即参加救护工作. 在第二帝国时期,许多数学家不得不服兵役,如闵可夫斯基在 1887 年圣诞节不得不站岗. 在第一次世界大战中,法国大部分青年参军,使得整整一代未来数学家战死疆场,其中也有些已出名的数学家,如 R. 伽图(R. Gâteaux). 有人讲德国人珍惜他们的科学家也不一定正确,德国数学家一样要上战场,如库朗. 美国只是在 1917 年才参战,但是已有 200 多位数学家参加军事工作,他们的主要任务是计算射击火力表,其中有不少人是后来声名显赫的大数学家,如 O. 维布仑(O. Veblen,1880—1960)、维纳、莫尔斯、G. C. 埃文斯(G. C. Evans,1887—1973)等人. 还有在军械局工作的如亚力山大、D. 杰克逊(D. Jackson,1888—1946)及 J. F. 李特(J. F. Ritt,1893—1951). 在当时情况下这也许是最主要的数学工作了. 另外也有数学家如 M. 马松(M. Mason)研究潜水艇及其他科研工作. 大多数数学家还是上战场或做后勤工作.

对第一次世界大战还值得一提的是有些数学家的反战态度. 罗素是坚定的和平主义者,由于宣传反战运动而蹲监狱,并且剑桥大学三一学院评议会在某些人的把持下,撤销了他的职务,[①]这引起了哈代等人的不满. 哈代专门写过《罗素与三一学院》(1942)叙述此事. 1914 年德国许多科学名流如伦琴、普朗克、克莱因等发表告欧洲知识界的声明,支持政府战争,唯有爱因斯坦及希尔伯特拒绝签名. 爱因斯坦因非德国籍,可以说是例外,希尔伯特是唯一认为这是场愚蠢战争的科学家. 在法国的数学家达尔布去世时,他还专门写讣文悼念. 这些都激起极端民族主义学生的愤怒,要他收回文章,他针锋相对,表现出一位科学家的高度原则性.[②]

丢东涅认为,由于数学需要长时间思考他们要解决的问题,很少能积极参加政治活动,因此持有极端的政治立场的人不太多. 法国的政治变动比较剧烈,数学家仍然反映出极为不同的立场. 大革命及拿破仑时期,蒙日是积极的支持者. 卡诺支持大革命,但反对拿破仑独

---

① B. Russell, *Autobiography*,Ⅰ,Ⅱ,Ⅲ,1967,68,69,Unwin,London,第 246-263 页.
② C. Reid, *Hilbert*,1970,中译本《希尔伯特》,上海科学技术出版社,第 172-182 页.

裁.傅里叶是拿破仑的支持者,但后来又划清界限.因此在路易十八复辟时,傅里叶没有遭到蒙日及卡诺两人所受的迫害.拉普拉斯是个机会主义者,任何时候都得势,拉格朗日及 A. M. 勒让德(A. M. Legendre,1752—1833)则较为稳健.1830 年革命时,伽罗瓦是激进的共和派,而柯西则是铁杆保王派,为了不宣誓效忠他所认为的篡位者路易·菲力普-波旁家族的旁支,他自愿流亡国外.19 世纪末,在犹太军官 A. 德莱福斯(A. Dreyfus,1859—1935)案件期间,数学家也正如社会上许多人一样,分为两派,但很少人像 E. 左拉(E. Zola,1840—1902)那样挺身而出,写出"我控诉(J'accuse)"那样的檄文,为蒙冤者鸣不平.到了 20 世纪,许多数学家成为"左派"乃至共产党人,如阿达马、施瓦兹是托派,格罗滕迪克属于无政府主义派别更是众所熟知的.在 1968 年学生运动中,薛华荔站在造反学生一边,连自己的工作都受到影响.

希特勒上台前后,数学家也有明显的分化.像泰什缪勒是法西斯分子,心甘情愿拥护纳粹,替法西斯卖命.比勃巴赫则是臭名昭著的"德意志数学"的倡导者,许多数学家则尽量敷衍当局以维持德国的数学传统.比起希特勒来,意大利法西斯的迫害要轻一些.在这种条件下,像沃尔泰拉这样的数学家经常公开反对法西斯体制,而代数几何学家 F. 塞梵瑞(F. Severi,1879—1961)则代表官方讲话.

不可否认,随着科学技术的发展及社会的进步,社会对数学及数学家的需求会越来越大,数学家再也不是钻进象牙之塔、孤芳自赏、与世无争的个人,他和他的研究日益成为社会不可分割的一部分.作为社会的一员,数学家的地位也越来越高,也为其在数学以外发挥更大的影响创造了条件.不管是在数学范围之内还是在数学范围之外,数学家是能够发挥出越来越大的社会作用的.数学家的社会化已经成为一种现实.

五　数学家集体

由于社会的需要及科学越来越专业化,数学家逐步成为一门职业.职业数学家组合起来成为社会内的一个集体.一方面,它是一个无形的学术权威机构,对数学家的工作进行评价,发挥权威的影响;另一方面,它是一个有形的职业组织,通过组织活动促进数学家之间的交流、合作,促进数学的发展以及在社会上的应用.数学家社会作用的发挥往往通过这个共同体来进行.

5.1　数学家集体的形成及其社会功能

数学家共同体或数学家社会、数学家集体是由数学家构成的一种社会组织,它通过一切渠道把数学家联系在一起并同其他的团体区别开来.

首先,它是一个数学家的职业团体,随着职业数学家的增加而扩大.其次,它也是一种发展数学的运行体制,如会议、出版等.实际上,一个人是不是数学家要看这个数学家共同体是否承认以及其他数学家是否认同.作为一个社会组织,它具有明显的社会功能,否则就没有存在的根据了.它的社会功能可以从对外和对内两个方面来考虑.

对外功能有:代表数学家的集体利益,争取社会各方面对发展数学的支持,增强数学及数学家的社会作用,提高数学家的社会地位.为此,当然要增强社会对数学作用的理解,把数学的潜在效能充分表现出来.

对内功能有:建立学术评价标准及学术权威.促进交流,鼓励和刺激优秀数学成果的产生和普及.调节数学家之间的竞争及利害冲突.

数学家集体的形成:

数学研究不像实验科学那样实行班组集体工作,他们一般是独立研究.时至今日,还有 80% 以上的数学论文是以个人的名义发表的.在历史上许多数学家研究数学不是出于功利目的,因此,他们的许多结果往往不是生前发表,而是死后由其他人收集整理后发表,如费马的几乎全部结果,高斯的许多结果.但是随着职业化和科研社会化的逐步发展,科研成果的发表也逐步增加和增快.科研成果的发表起着两种作用,一是通过交流继续深入研究,二是得到评价甚至荣誉和奖励,由此逐步产生集体活动.开始的集体属于师生之间、朋友之间的交流,其主要方式为交谈及通信,比较有影响的是法国的 M. 马桑(M. Mersenne,1588—1648),他同很多科学家通信,然后把成果告诉其他人,起着中间站的作用.马桑在 1630 年组织了"马桑科学院",网罗了当时杰出人物如笛卡儿、费马、帕斯卡等人."马桑科学院"可以看成后来"科学院"的前身.这可以说是科学家的民间组织.随着这种初步交流形式的出现,也开始了科学家间的挑战和争论,比如笛卡儿和费马关于曲线求切线方法的得失.这种争论同后来一样往往从学术上的不同意见、不同评价转化成优先权之争及人身攻击.后来牛顿及莱布尼茨的争论发展成美国派及大陆派的争论,对双方的发展都产生消极影响,其中最坏的是交流的中止,形成派系[·(点)派、d 派],互不理解,独立发展.科学家的集体在 17 世纪下半叶由民间组织转向官方机构,出现了科学院之类的科学家组织.

数学家集体有如下几种形式:

(1)科学院

最早的科学院是意大利的罗马山猫科学院(伽利略是其成员),后来成为意大利国家科学院.更重要的两个科学院是英国皇家学会及法国巴黎科学院,但两者性质差别很大.英国皇家学会虽然在 1662 年由查理二世颁发特许证明,但基本上是一个私人团体,会费由会员掏腰包,国家并不资助.该学会于 1645 年由数学家沃利斯等发起,每星期聚会.第一任会长是业余数学家 W. 布龙克尔(W. Brouncker,1620—1684).18 世纪初,牛顿曾长期担任会长.该学会研究的范围很广,据统计,纯科学占选题 41%,采矿 21%,海运 16%,军事(特别是弹道学)11%,其他11%[①],这些都同数学应用密切相关,不过开会时主要是演示实验.后来,英国皇家学会变成许多不学无术的贵族及有钱人的交际场所,科学活动很不景气,数学研究就更可怜了.1870年皇家学会进行了彻底的改革,会员必须是积极从事研究、对科学有实际贡献的人.但是,英国皇家学会会员数量没有限制,同其他科学院一样,成为英国皇家学会会员仍是一项很大的荣誉.与此相反,法国巴黎科学院从1666年成立之后就成为官办的,开始时几何学部、天文学部、力学部各有3个领终身年金的院士.大革命时年金取消,席位增到6个,也是终身制,而且新院士得由老院士普选,这大大限制了年轻的科学家成为院士.巴黎科学院成为一个有特权的权威机构,是后来欧洲各国科学院的样板.1700年在莱布尼茨的倡议下,创立了普鲁士(柏林)科学院的前身,它在腓特烈二世时期曾聘任欧拉及拉格朗日这样的数学家,这对科学的发展起了促进作用.1751年格丁根科学院建立,1759年巴伐利亚科学院建立,1909年海德堡科学院建立,俄国的圣彼得堡科学院在1724年建立,它们都是些荣誉性的团体.直到十月革命之后,苏联科学院才成为既是荣誉组织,又是研究所的集合.美国国家科学院于1863年建立,它是介于英国皇家学会和欧洲大陆科学院之间的组织,既是国家的精英、权威的团体,又是政府的咨询机构.在近2000位院士当中,现有数学家近100人.由此可见,大部分科学院主要是精英权威的集体,代表本国或本地区最高学术水准.成为它们的外籍院士,这对于外国科学家来讲也是一项殊荣.科学院对一个国家科学发展的方向往往有着重要的发言权,它们对国家的科学政策有一定的影响,而且它在促进交流及鼓励发展科学方面的功能不容忽视.每个科学院都出版权威性的期刊,定期召开学术会议以及评审和颁布奖励.

(2)科学协会

19世纪初期,一些科学协会对于数学的发展往往起着促进作用,特别是德国自然科学家与医师联合会及英国不列颠科学促进协会.在专门学会还未成立的情况下,它们起着重要的组织作用.比起科学院

[①] R. K. Merton, *Science, Technology and Society in Seventeeth Century England*, Howard Fertig, 1970.

来,它们更是群众性的组织. 德国自然科学家及医师联合会在 1822 年由 L. 奥肯(L. Oken, 1779—1851)创立. 这是真正科学家的群众性学术组织,对发展及传播科学起了重大的作用. 除了少数几年之外,每年召开一次年会,在会上做报告及交流,其中的综合报告传播最新成果. 各地不同学科间的交流及讨论,推动了进一步的研究发展. 19 世纪大部分数学家,如高斯、希尔伯特,都经常参加这类活动. 1891 年希尔伯特听了 H. 维纳(H. Wiener, 1857—1939)的报告,产生了几何公理化的新思想. 英国不列颠科学促进协会也经常报告数学方面的论文,最著名的有 H. J. S. 史密斯(H. J. S. Smith, 1826—1883)关于数论的报告,这是引进并发展德国先进数论的重要报告. 19 世纪后期,它的功能逐步由专门的科学协会所代替.

（3）数学会

数学会现在是最普遍的数学家的群众性组织,现在它几乎包揽了科学院及科学协会的所有作用. 它出版期刊和图书,召开学术会议,促进交流,评审奖励,促进数学的发展. 除了少数数学会(如 1690 年成立的汉堡数学会以及伦敦的斯皮诺费尔德数学会)外,大部分数学会是 19 世纪 60 年代以后成立的:

1865 年　伦敦数学会

1872 年　法国数学会

1883 年　（苏格兰）爱丁堡数学会

1884 年　（意大利）巴勒摩数学会

1888 年　美国数学会(原纽约数学会)

1890 年　德国数学家联合会

1911 年　西班牙数学会

1915 年　美国数学协会

在亚洲,也逐步形成数学家的组织,如:

1877 年　日本数学会

1907 年　印度数学会

1935 年　中国数学会

这些数学会的出现,大大推动了数学研究及教学工作的开展,通过出版刊物、举行年会,促进了数学的交流以及数学知识的普及.

5.2 对数学家的评价

随着数学越来越专业化,广大群众乃至不同专业的数学家对数学家的工作越来越不能理解,这样就需要数学家共同体建立一种机制,对于数学工作进行评价并建立学术标准.没有这样一种机制,数学知识就无法为社会认识、接受并加以利用.建立正确评价的体制对于数学家的职业生涯也是至关重要的,它不仅决定数学工作的正确性和学术价值,而且还决定广大社会与数学家共同体对他的态度.数学家的学术地位以及随之而来的社会地位,现在几乎完全要靠数学家共同体对他的评价.更具体地说,一个数学家从开始获得专业学位、奖学金、最初的职位,到晋升工资、各种荣誉和奖励及其在学术界的地位,无一不与他的工作受到数学家共同体的评价有关.在某些国家、某些时代,他们也因此而得到较高的政治地位及社会地位.德国大数学家克莱因和希尔伯特是德意志帝国的枢密顾问官,拿破仑时期的拉格朗日和拉普拉斯都被晋封为帝国贵族,傅里叶曾任省长,有的数学家当过议员、部长甚至总理.而苏联的一些优秀数学家则成为"社会活动家"——最高苏维埃代表.这些都是基于共同体对数学家的工作的评价.

5.2.1 对数学家评价的三个层次

对数学家工作的评价有三个方面或三个层次:

(1) 数学结果的正确性

这是一切工作的基础,也是数学工作的基本要求,数学的基本评价过程也是从审查正确性开始的,这个步骤可以说是一个纯粹技术性的高度专门的过程.从历史上来看,并非所有重要的论文都是十全十美的,的确有许多重要成果有错.这样一来,它的后果有多种多样:它不完全是一个技术问题,在追寻技术细节的过程中,往往要考虑重要性、优先性及作者的历史记录.有些问题,一看即知其有错,如用圆规、直尺三等分任意角.这已经被严格证明不行,有些人还要坚持研究,这种文章百分之百的错,没什么好商量的.有些问题,是许许多多数学家经过长期努力而未解决的大问题,如费马大定理(1994 年由怀尔斯完全解决)、哥德巴赫猜想、黎曼猜想等.有些人自以为聪明,用很简单、很初等的方法去证明,这些论文往往没有什么价值,这样的人往往根本不懂什么叫证明,这种文章一般也没人愿意去审.除此之外,的确有许多大定理,发表以后发现有错,这时人们对于不同情况有着不同的反应:一种是举出了反例,这样,定理就从根本上作废了.最有名的例子是苏联著名数学家彼得洛夫斯基等人关于极限环问题的研究(这也是希尔伯特第 16 个问题的一部分),他"证明"微分方程组:

$$\begin{cases} \dfrac{\mathrm{d}x}{\mathrm{d}t} = N_2(x,y) \\ \dfrac{\mathrm{d}y}{\mathrm{d}t} = M_2(x,y) \end{cases}$$

[其中 $N_2(x,y)$,$M_2(x,y)$ 为二次多项式]的极限环数目不超过 3 个.这个结果很快就被怀疑,但无法正面指出究竟错在哪里,结论是否错也不清楚.中国数学家举出一个特殊的微分方程组具有 4 个极限环之后,才彻底推翻这个"漂亮的"定理.这种反例虽然可以干净利落地推翻一个定理,但没得出正面的结果,只不过使问题转了一圈又回到原处.有的定理被发现有错误,但举不出反例,往往经过研究后,可以补上漏洞,这样定理可以保住了,如上面的方程组,当右端是任意 n 次多项式时,极限环的数目有限,这个定理在 1923 年被 M. H. 杜拉克(M. H. Dulac)所"证明",半世纪后被发现证明有问题.经过一些数学家的努力,到 1985 年才补上这个漏洞.类似的还有 J. 厄布朗(J. Herbrand,1908—1931),1930 年证明的证明论大定理,哥德尔早就发现它有错,但直到 1964 年才被其他数学家补上证明的漏洞.在这种情形下,仍然可以说是对数学实实在在的贡献.

(2)数学工作的意义、重要性,即它是不是一个像样的、有分量的工作.

与数学工作的内容不同,人们对哪些工作重要,哪些工作不重要的认识往往存在主观偏见.对于一些明显的突破,例如黎曼猜想的证明,大家都会认为是重大成果.除此之外,对于重要性的认识还会仁者见仁、智者见智.高斯对于费马大定理以及阿贝尔代数方程的工作看不上,却对 G. 爱森斯坦(G. Eisenstein,1823—1852)的三次剩余工作评价甚高,说明权威也有其主观片面性.伽罗瓦理论长期得不到理解与这个因素也有关系.难怪伽罗瓦在决斗前写给他朋友的信中说:"请你公开请求雅可比或高斯提出他们的意见,不是评论这些定理是否对,而是它们是否重要."①在 19 世纪,许多过于抽象的概念并不认为是重要的研究对象,如康托尔的集合论长期遭到反对,连林德曼证明 π 的超越性也遭到克罗内克的反对,因为他认为无理数根本不存在,π 是否是超越数毫无意义. 当时,对于数学的理解比较狭窄,只有公式的数学才是重要的. 所以在 19 世纪许多"算法家"如高丹、布廖斯奇以及半算法家如埃尔米特等人的工作被认为是重要的,到了 20 世纪就很少重视他们的工作了.

另外,对于过度的推广以及普通的推广也有许多看法,如大量的一般拓扑学的推广以及过于一般的代数结构,对于模糊数学也有不同的看法. 看来一个结果是否重要往往需要经过一定时期的历史考验之后才能取得比较一致的看法.

(3)对数学家的整体评价

人们最感兴趣的还是对现在和过去的数学家整体进行评价,对他们进行排位. 这种判断可以说是相当主观,往往有感情上的色彩,而从历史上来看,也不免有认识及时代的局限性.

这种评价早在职业数学家大量出现之前,在数学家集体内外就已存在. 18 世纪谁是最伟大的数学家——欧拉还是拉格朗日？普鲁士国王腓特烈二世(Friedrich,1712—1786)②在给拉格朗日的信中回答了这个问题:"欧洲最伟大的君主希望他的宫廷中有欧洲最伟大的数学家."这当然对欧拉不够公平. 后来,有人问拉普拉斯谁是德国最好的数学家,他答道"J. 普法夫"(J. Pfaff,1765—1825). "那高斯呢？""他是欧洲最好的数学家."当然这个结论在 19 世纪上半叶公认是对的. 一般认为有史以来最伟大的数学家是阿基米德、牛顿及高斯,而高斯却把自己换成爱森斯坦,这也许是开玩笑,不过任何大数学家都有他的主观片面性,也有他的偏见. 高斯不欣赏非欧几何的工作,也许是他的确早有同样的想法. 他不理会阿贝尔及伽罗瓦的工作,的确是出于个人的偏见,他对爱森斯坦的推崇实际上是对数论主要问题——高次互反律的见解,这在某种意义上有点主观,因为他对另一个重要问题——费马大定理表示冷淡,他在 1816 年给他的好友、天文学家

---

① H. Wussing,*Die Genesis des abstrakten Gruppenbegriffes*,1969,Part Ⅱ.3.
② 腓特烈大王,常误译为大帝.

H. W. M. 奥尔贝斯(H. W. M. Olbers, 1758—1840)的信中说:"我承认,费马定理作为一个孤立的命题,我对它没多大兴趣,因为不难建立许多那样的命题,人们既不能证明它们,也不能否定它们."他究竟在这个难题上动过多少脑筋? 他认为那不重要是否仅仅因为他在这个问题上的失败? 高斯自己虽然号称"数学家之王",也并非对所有数学问题的解决都一帆风顺,例如,对于高斯和的估值,用了他整整四年时间. 就连高斯是 19 世纪上半叶最好的数学家这种看法也不是没有异议的. 在《数学研究与评论》的一期内容里,有人认为柯西不比高斯差,由此可见对数学家的评价还是存在极大分歧的. 由于对数学家的整体评价要越出专业的范围,而不同专业的专家可以说隔行如隔山,互不理解,这就大大增加评价的主观性及评价者的历史局限性. 科学史家也不例外. 著名科学史家 G. 萨顿(G. Sarton, 1884—1956)在《数学史研究》的小册子中列举了 1822 年到 1935 年去世的 118 位数学家,当然是他认为重要的,至少是他 1936 年写文章时认为重要的. 他也承认:"我没断言,这 118 人是近代最重要的数学家. 这样的提法是很蠢的. 他们全都重要,虽然是以不同的方式."他接着说,少数人(像高斯)站在同时代人当中就如同巨人一样形象高大……[①]可是今天看来,其中有一半并不那么重要,甚至其中一些人,不用说数学家,连数学史家也很少会提起他们,例如 A. 戈贝尔(A. Göpel, 1812—1847)和 J. G. 罗森哈恩(J. G. Rosenhain, 1816—1887),他们对当时最热门的椭圆函数论有些贡献. J. 伊夫瑞(J. Ivory, 1765—1842)和 J. 麦克拉夫(J. MacCullagh, 1809—1847)都研究椭球体的位势理论,当时该理论称为吸引理论,是 19 世纪时髦问题之一. 另外,萨顿不仅把一些与数学密切相关的力学家、物理学家、天文学家算成数学家,而且把关系不大的人也列入,如 W. J. M. 兰金(W. J. M. Rankine, 1820—1872). 同时,一些真正重要的数学家却遗漏掉,如 G. 弗洛宾尼乌斯(G. Frobenius, 1849—1917)、R. 李普希茨(R. Lipschitz, 1832—1903)、A. 胡尔维茨(A. Hurwitz, 1859—1919)、M. 诺特(M. Noether, 1844—1921)及 T. J. 斯蒂尔杰斯(T. J. Stieltjes, 1856—1894)、A. M. 李雅普诺夫(A. M.

---

① G. Sarton, *The Study of the History of Mathematics*, 1936, p. 100.

Ляпунов,1857—1918)、А. А. 马尔科夫(А. А. Марков,1856—1922)等,他们要比萨顿列举的某些人更重要. 即使如此,数学家及数学史家仍然对数学家地位的评价非常热衷,乐此不疲. P. L. 布茨(P. L. Butzer,1928 年生)在《E. B. 克里斯托费尔(E. B. Christoffel,1829—1900)》一文中把 19 世纪德国数学家排了一个顺序,最了不起的是高斯、黎曼、魏尔斯特拉斯,其次是狄利克雷、雅可比、库默尔、戴德金、康托尔、克罗内克和克莱因,而克里斯托费尔则是仅次于他们的伟大数学家. 他没有提希尔伯特,也许是把他归于 20 世纪. 在第二次世界大战之前,一般认为在他之后的几何学家 J. 史坦纳(J. Steiner,1796—1863)、普吕克尔、K. G. C. 史陶特(K. G. C. Staudt,1798—1867)等人的地位更高一些,而现在"老"几何学家的地位显著降低了. 但总的说来,这样的评价大体还是公允的.

20 世纪初,19 世纪后期最有权威的一批数学家先后去世:德国的克罗内克、库默尔、魏尔斯特拉斯及 T. L. 富克斯(T. L. Fuchs,1833—1902),挪威的李,法国的埃尔米特及 J. L. F. 贝特朗(J. L. F. Bertrand,1822—1900),美国的凯雷及西尔维斯特,意大利的贝蒂、布廖斯奇及 E. 贝尔特拉米(E. Beltrami,1835—1900),俄国的切贝雪夫,从而出现数学界领袖人物大换班的情形. 19 世纪末到 20 世纪初,世界公认的新一代领袖成长起来. 从历史上来看,他们集中在两个中心,一个是法国的巴黎,以庞加莱、P. E. 阿沛尔(P. E. Appell,1855—1930)、E. 毕卡(E. Picard,1856—1941)最著名. 另一个是格丁根,以克莱因及希尔伯特为首,正是他们决定了 20 世纪数学的方向. 而当时数学家的权威性可从挪威科学院 1902 年纪念阿贝尔百年诞辰所邀请的数学家看出来,这个 29 人的名单反映出数学界公认的各国最好的数学家,除了上述 5 位之外,还有法国老一辈数学家若尔当和达布、德国老一辈数学家 L. 柯尼什伯格(L. Königsberger,1837—1921). 柯尼什伯格是位分析学家,现以亥姆霍茨及雅可比的传记作者而知名. 还有戴德金、康托尔、H. A. 施瓦茨(H. A. Schwarz,1843—1921)及 H. 韦伯(H. Weber,1842—1913). 韦伯是数论、代数及分析专家,他的《代数学》(1894—1895)在范·德·瓦尔登的著名的《近世代数学》(1930—1931)问世之前一直是标准教科书. 在英国,则物理学家占大多数：凯尔文勋爵、G. G. 斯托克斯（G. G. Stokes，1819—1903）、瑞利勋爵（Lord Rayleigh，1842—1919）、G. H. 达尔文（G. H. Darwin，1845—1912）. 达尔文是著名生物学家查理·达尔文的儿子，以把数学应用到天文学及地质学的工作闻名. 真正的数学家是 A. R. 弗赛斯（A. R. Forsyth，1858—1942），他的贡献是把欧洲大陆的函数论普及到英国. 另一位是 G. 萨尔孟（G. Salmon，1819—1904），他的贡献是不变式论. 萨尔孟与凯雷及西尔维斯特并称为英国不变式论三杰，而萨尔孟对数学的主要影响是半个世纪以来写的一系列教科书. 由此可以看出英国在 19 世纪到 20 世纪之交，除了数学物理之外，在纯粹数学方面是相当落后的，等哈代以后才振兴起来. 除了法、德、英三大国外，数学最好的国家是意大利，入选的是几何学家 A. 克里孟那（A. Cremona，1830—1903）、分析学家 U. 迪尼（U. Dini，1845—1918）以及沃尔泰拉. 应该承认，沃尔泰拉是一百年来意大利最好的数学家. 其他有奥地利的 L. 玻尔茨曼（L. Boltzmann，1844—1906）及 W. 维尔廷格（W. Wirtinger，1865—1945），美国的 S. 纽康伯（S. Newcomb，1835—1909）和 J. W. 吉布斯（J. W. Gibbs，1839—1903），俄国的马尔科夫，瑞典的 G. 米塔格-莱夫勒（G. Mittag-Leffler，1846—1927）及 A. V. 贝克隆（A. V. Bäcklund，1845—1922），如果不是因 KdV 方程的求解而出现贝克隆变换，他将湮没无闻. 最后是丹麦的 H. G. 错玉顿（H. G. Zeuthen，1839—1920）. 从这个名单中可以看到挪威科学院还是有眼力的，除了老一代公认的领袖人物之外，能从众多的年轻数学家中慧眼识英雄；这里面最年轻的是希尔伯特（40 岁）及沃尔泰拉（42 岁），他们正好都是新世纪数学的领袖人物. 当然这也不免有些遗漏，其中没有比希尔伯特更年轻的班勒卫，J. 阿达马（J. Hadamard，1865—1963）及嘉当，没有胡尔维茨及闵可夫斯基，也没有 G. 皮亚诺（G. Peano，1858—1932），而 1870 年以后出生的似乎不在考虑之列.

更大胆的评价是评论现在还在世的数学家. 一般数学家对此多少有点忌讳，他们虽然私下不免评头品足，却很少有人公开发表见解. 一份罕见的材料是哈尔莫斯在《我要成为一位数学家》[①]中写的，他把数

---

① P. Halmos，*I want to be a mathematician*，Springer-Verleg，1985，p. 305.

学家(实际上都是一流的数学家)又分为五等.

第一等是显然不朽的数学家,没有争议的伟大数学家,如阿基米德及高斯.

第二等是对他们时代具有伟大影响的人物,如 F. 克莱因和麦克莱恩,不过很难预见他们的持久影响力.

第三等是经常发表有分量的论文,某些学派的公认领袖,他们的发现十分深刻,极富独创性,足以使他们的功绩在百年之后还可以让人记住,如 G. 马凯(G. Mackey,1916—2006)、A. 塔斯基(A. Tarski,1902—1983)和 A. 齐格孟德(A. Zygmund,1900—1992).

第四等的数学家有丢东涅、C. 库拉托夫斯基(C. Kuratowski,1896—1980)和小伯克霍夫(G. Birkhoff,1911—1996).哈尔莫斯把自己列为这一等的候选人.

第五等,他只举出苏联数学家 C. B. 福明(C. B. Фомин,1917—1975).

他接着把黎曼、庞加莱及希尔伯特也列入第一等,但似乎觉得他们不像阿基米德及高斯那么显然——也就是毫无争议.也许可以说是1.01 等.接着他又说,P. 科恩(P. Cohen,1934—2007)、C. 费弗曼(C. Fefferman,1949 年生)和哥德尔是否应该列入 1.5 等?

这种把所有数学家都排成一个线性顺序的确是一项很有趣的游戏,可是这有多么大的主观任意性呢?似乎应该有一个比较客观的"评价标准".

究竟应该如何评价数学家的贡献呢?这不仅有历史意义,而且有现实意义.职业数学家的晋升、评奖、推选担任重要职位或参加重要活动都与这种评价分不开.什么是对数学家评价的主要判据呢?

5.2.2 对数学家评价的主要判据

(1)数量

这是唯一的不含主观因素的可行的标准,也是最容易被外行及行政机构接受的一个标准.尽管数量这个判据有明显的不足之处:半页的一篇论文同几百页的专著都在计算器上显示"1",突破性的、划时代的论文同毫无价值的无聊之作都是"学术著作",但数量仍然显示数学家的实力、效率、生产力,它不能不作为评价的一个判据.

历史上最多产的数学家有三位:欧拉、柯西及凯雷.他们的论文数量都在千篇左右,而且除了个别论文之外,这些论文都是他们一个字一个字写出来的.当代匈牙利数学家埃尔德什发表的论文数量已超过 1500 篇,不过其中一大半都是合作的.尽管如此,他仍是位高产数学家,而且论文的质量也使他荣获 1983 年/1984 年度沃尔夫奖.

由于明显的原因,也有些数学家写了几百篇论文,但没有有价值的成果.如 19 世纪末美国群论专家 G. A. 米勒(G. A. Miller,1863—1951)写了 800 多篇论文,基本上是具体群的列举,虽有 5 卷全集(因他本人很有钱),但参考价值不大.

许多大数学家写了几百篇质量上乘的论文,他们可以说质、量兼优,如庞加莱、嘉当、克莱因、外尔等.

许多数学家只写了几十篇论文,但并不影响他们的伟大,如黎曼、J. 戴德金(J. Dedekind,1831—1916)、希尔伯特等.

英年早逝的数学家如伽罗瓦及阿贝尔来不及写多少论文,几篇论文也足以使他们名垂千古.

(2)广度

对于整个数学家的评价,最伟大的数学家几乎都是广博的数学家,甚至那些只写了几篇论文的英年早逝的数学家也都不仅仅是一个狭窄分支的专家.除了方程论之外,伽罗瓦还对数论及椭圆函数有所贡献;阿贝尔就更了不起,除了方程论之外,对椭圆函数论、分析基础也做出重大突破,第一个积分方程也属于他.埃尔米特说:"阿贝尔留下的一些思想可供数学家们工作 150 年."苏联的 Л. Т. 施尼列尔曼(Л. Т. Шнирельман,1905—1938)不仅提出密率法,首先在哥德巴赫问题上引起世界震惊的突破,而且在大范围变分法中引进了范畴论,其至今仍是拓扑学中的重要工具,而这两个理论可以说几乎毫不相干.

对于 18 世纪及更早的数学家,他们的广度大都远远超出数学本身,而 19 世纪开始有了分工,大部分数学家或是分析学家或是几何学家,两者兼顾的就不多了,这些早期数学家是最全面的数学家.有人认为高斯和柯西是他们中间的最后两位,后来的大数学家在广度上虽然窄一些,但不失大数学家风度,如黎曼及魏尔斯特拉斯.19 世纪末及

20世纪初的庞加莱及希尔伯特可以说是最后的全才了,但他们已经各有所长,同时也各有所短了. 庞加莱对德国专长的代数数论所知不多,而希尔伯特对法国精致的复变函数论及实函数论也涉及甚少. 外尔可以说是最后一位懂得一切的数学家,对20世纪上半叶的数学了如指掌. 而冯·诺伊曼的手伸向应用数学、计算机科学、计算数学的广阔领域,但对纯粹数学中的数论、拓扑、几何则未曾顾及. 其后,代替他们的已是布尔巴基的集体了.

(3) 质量

以一位数学家的著作的数量及广度作为评价判据虽然较为客观,但真正在数学界内的评价主要看工作的质量. 这个概念不像数量及广度那么具体,往往只有亲自尝试过的专家才有体会,而外行人则难于鉴定. 工作的质量集中反映了数学家的开创性、思想的深度以及高度理论概括的抽象能力. 著名代数学家 W. 费特(W. Feit, 1930—2004) 在 R. 布劳尔(R. Brauer, 1901—1977)的传记中谈到评判数学家的几个标准,其中特别是"他解决重大的未解决的问题的能力,他引进能阐明现存问题的新概念的能力以及他发展协调一致的系统理论的能力."[①] 他认为布劳尔具有这三个方面的能力. 在将这三个评判标准应用于布劳尔时,第二点中还包括引进新观念及新方法,第三点中还包括发现及证明理论中主要的定理,并找到意想不到的深刻的应用. 费特的判据实际上是对数学家工作质量较为具体化的标准. 这里面比较明显的是第一点,解决数学中重大问题特别是历史遗留的重大问题,除了历史上熟知的以外,还有:

1896年,阿达马及瓦莱·布桑(C. de la Vallée-Poussin, 1866–1962)独立证明素数定理;1949年,塞尔伯格及埃尔德什独立给出初等证明.

1939年,哥德尔关于连续统假设及选择公理相对无矛盾性的证明;1963年,科恩关于它们与 ZF 公理独立性的证明.

1955年,罗斯关于代数数有理逼近的最佳结果.

1963年,费特及 J. G. 汤姆逊(J. G. Thompson, 1932年生)证明伯

[①] W. Feit "Richard Brauer", *Bull Amer Math*. Soc 1.1(1979), 1-20.

恩塞德的一个猜想——奇数阶群的可解性.

1963年,广中平祐关于代数簇的奇点解消问题的解决.

1973年,德林证明韦伊猜想.

1983年,法尔廷斯证明莫德尔猜想.

1984年,L.德·布兰吉斯(L. de Branges,1932年生)证明比勃巴赫猜想.

(4)影响

数学家的影响虽然主要来源他工作的数量和质量,但其他因素也促使他们产生影响,其中最主要的手段是教学及著述.魏尔斯特拉斯的论文并不多,但是在柏林大学的讲演及讨论班直接教导了几十名学生,其中有十几位相当卓越,如施瓦茨、富克斯、弗洛宾纽斯、胡尔维茨、肖特基、康托尔,而且间接影响许多人,包括希尔伯特.另外值得一提的是,他的女学生柯瓦列夫斯卡娅也是完全靠他私人教授.他的讲义被人整理以后又影响其他人,正是他在19世纪末奠定了实函数及复函数论的基础,正如米塔格-莱夫勒所说:"他是我们大家的老师."

除了通过教学及带博士生外,克莱因做的许多学术组织工作也使他产生巨大影响.他去世后,克莱因的接班人库朗在组织工作上也发挥了巨大影响."他的前半生在格丁根当学生、教授和行政人员,这时他的行为准则是对克莱因尤其是对希尔伯特的忠诚与敬仰."而他的后半生则是"力图在美国重建格丁根这个失去的乐园以及它那崇高的传统和志趣相投的学术气氛."[1]在美国,他花了很大力气建立起库朗研究所,形成一个应用数学中心.

5.3 数学界的荣誉和奖励

反映在正常晋升途径之外,社会还对数学家的工作予以承认和鼓励.

5.3.1 荣誉学位及头衔

主要是各国科学院院士、通讯院士、外籍院士或会员.这通常是一个国家最高的学术荣誉,是极为难得的.当然其中也包括政治因素或其他因素.归根结底,这是对数学家工作的认可.国家不同,选举的方

---

[1] M. H. Stone 书评 Courant,*Bull Amer Math Soc* 中译文见《数学译林》,1980.

式也不大一样,因此获得的难度也相差颇大.

比较古老的科学院是巴黎科学院.从 18 世纪末法国大革命改组以来到 1968 年,巴黎科学院分为十个学部,每个学部有六名院士,另外有一些通讯院士及外籍院士.院士终身制,不死不补,而许多法国数学家活到近百岁,给后来人成为院士带来困难,如阿达马 98 岁,P. A. 蒙太尔(P. A. Montel,1876—1975)99 岁.直到 20 世纪 60 年代后期,新一代布尔巴基学派成员才陆续成为院士或通讯院士,这时院士的名额也大大增加.

英国皇家学会与美国国家科学院都是最高权威性团体,但人数没有限制.英国皇家学会有会员 900 多人,数学家不到 1/10.美国国家科学院有 2000 多人,数学家近百人.他们网罗了本国最好的数学家,而他们的国外成员均有极高的荣誉.

除了法国、英国、美国的科学院外,其他国家的科学院也有不同程度的权威性.不过不同时期、不同国家、不同的政治社会因素也是重要的条件.

另外,各协会名誉会员、各大学名誉博士对科学家来说也是一种荣誉.

5.3.2 国际、国家及学会的各种奖励

社会对科学的鼓励特别反映在对科学家的奖励上,这种奖励极多.但相比之下,专门授予数学的奖励就少得多了.国际上没有像诺贝尔奖那样的数学大奖.瑞典对于物理、化学、生物医学以外领域又设克拉福德(Crafoord)奖,五年评一次.1982 年的获奖者为苏联的 В. И. 阿诺德(В. И. Арнольд,1937—2010)及美国的 L. 尼仑伯格(L. Nirenberg,1925 年生).1987 年,拉福德奖授予格罗滕迪克及德林,但格罗滕迪克因不满数学界的剽窃行为拒绝领奖.以色列的沃尔夫(Wolf)基金会差不多每年授予数学奖,从获奖者来看,这可以说是对数学家的整个数学成就较好的评价,它多少反映出当代最伟大的数学家.1978—1990 年沃尔夫奖获得者为:

1978　盖尔范德　西格尔

1979　勒瑞　韦伊

1980　嘉当　柯尔莫戈洛夫

1981　阿尔弗斯　查瑞斯基

1982　克莱恩　惠特尼

1983　陈省身　埃尔德什

1984　小平邦彦

1985　卢伊

1986　艾伦伯格　塞尔伯格

1987　伊藤清　拉克斯

1988　赫采布鲁赫　荷曼德尔

1989　卡尔德隆　米尔诺

1990　德·乔尔齐　皮亚捷斯基-沙皮罗

至今,沃尔夫数学奖获得者已近 50 位. 到 21 世纪,挪威科学院开始颁发阿贝尔奖,这是真正的"数学诺贝尔奖". 至今有 8 位大数学家获奖. 首届 2003 年获奖者为法国数学家塞尔,他也是至今唯一一位"三冠王"(先后获菲尔兹奖、沃尔夫奖和阿贝尔奖).

菲尔兹(J. C. Fields,1863—1932)奖是国际数学家大会颁发的一个奖励. 与其他奖不同,它更鼓励有前途的年轻人,真正起到社会对科学的鼓励及促进作用. 关于菲尔兹奖的详细情况请参看胡作玄、赵斌合著的《菲尔兹奖获得者传》(湖南科技出版社,1983)一书.

各国为了发展数学,还颁发一些国际性的奖章或奖金,如罗巴切夫斯基奖. 也有专门授予某一领域的,如萨拉姆(R. Salam,1898—1963)奖专门发给在调和分析方面有贡献的数学家. 伦敦皇家学会的最高奖是考普莱(Copley)奖章,也曾多次授予国外的数学家,如高斯(1838)、斯图姆(1841)、沙尔(1865)、普吕克尔(1866)等.

各国为了发展本国的科学事业,也有一些奖励,其中最高的奖励往往表彰本国各方面的最高成就.

美国科学家的最高荣誉是总统颁发的国家科学奖章,它表彰各个科技领域的最突出的贡献. 由于美国各门科学具有国际声誉的科学家太多,所以许多诺贝尔奖金获得者还没有得到过总统科学奖章(如李政道在 1957 年获诺贝尔物理学奖,至今未得过总统科学奖章,杨振宁也只是在 1986 年才得到). 这更加反映这个奖章的权威性. 从 1962 年开始颁发以来,共有二十几位数学家获奖,他们代表美国的最高数学水平,有的也是美国最有影响的数学家.好在人数不多,1962—1988 年的获奖者列举如下：

1962　冯·卡门(von Karman),空气动力学家,钱学森的老师

1963　维纳

1964　莱夫希兹

1965　莫尔斯

1966　查瑞斯基　米尔诺

1967　科恩

1968　耐曼　威格纳

1969　费勒

1970　布劳尔

1973　塔基(John W. Tukey,1915—2000)

1974　哥德尔

1975　陈省身　丹齐克

1976　弗里德里希斯　惠特尼

1979　杜布　克努斯

1982　斯通

1983　哥德斯坦因　辛格

1986　拉克斯　西蒙　齐格蒙

1988　哥莫瑞　鲍特

至今已有五六十位数学家获此殊荣.

此外各国学会、协会也有许多奖励,获奖者一般也都是国际知名人士.

5.4　数学家的交流、合作和竞争

数学家的研究工作必须通过同行的审查才能发表,发表之后也是给同行看的.他们通过交流、合作及竞争进一步促进数学的发展.数学家过去的交流方式主要是靠面对面讨论以及书信来往.19世纪以后,交流方式主要是在期刊上发表论文以及在会议上报告及讨论.第二次世界大战以后,由于交通的便利,人员交往越来越频繁,数学家之间的交流及合作大大增加.虽然期刊仍为主要的发表阵地,但在期刊上发

表之前,论文多以预印本形式广为散发.

5.4.1 交流

现代创造性成果都是在期刊上发表.从 17 世纪起出现几类期刊,其上登载各种科技成果,也包括数学的创造性成果,许多期刊至今还在出版.

(1)科学院院报

《皇家学会哲学汇刊》(*Philosophical Transactions of the Royal Society of London*,1665 年创刊).

《巴黎科学院院报》(1666 年创刊),1835 年改为《法国科学院会议周报》(*Comptes rendus hebdomadaires des séances de l'académie des sciences*).其中登载许多重要数学论文的简报.

《彼得堡科学院院报》(1725 年创刊).

《柏林科学院文集》《院报》《新文集》.

《英国伦敦皇家学会会报》(*Proceedings of the Royal Society of London*),A 集主要为数学与物理科学方面的文章,有许多重要的应用数学论文.

(2)专业学术杂志

第一个是《学者杂志》(*Journal des Scavans*)(1665—1910).1682 年创刊的《博学者学报》(*Acta Eruditorum*),曾登载莱布尼茨及伯努利家族成员许多重要研究成果.

(3)普及性杂志

主要是英国的《淑女日记》(*Ladies' Diary*)(1704—1840)、《绅士日记》(*Gentlemen's Diary*)(1741—1840),流传广泛.普及性杂志的出现,使科学成果普及到上层社会当中,激发他们对科学的兴趣及支持.

到了 19 世纪,为了促进数学家交流他们的成果,各种专业杂志应运而生.

(4)专业数学杂志

1810 年法国格冈涅创办《纯粹与应用数学记事》,一直到 1931 年休刊,这是第一个专门登载数学论文的杂志,而有更大影响的则是克莱尔在 1826 年创办的《纯粹数学与应用数学杂志》(*Journal fur die* reine and angewandte Mathematik),俗称《克莱尔杂志》.这个杂志支持了有创造性的年轻数学家,如阿贝尔、雅可比等.当时由于没有贵族及权威人士的支持,许多人必须靠发表文章来证明自己的能力而加入数学家的队伍中来,这个杂志树立了后来专业数学杂志的典范.另外,《克莱尔杂志》登载高水平的数学研究论文以及拥有一流的数学家作为编辑,使它在 100 多年间一直是国际上最权威的数学杂志之一.从雅可比、狄利克雷起,几乎法国所有的大数学家均在其上发表过论文.据统计,1~100 卷共发表 2000 多篇论文,有 427 位作者,其中 332 位是德国数学家,其余作者分布于 20 多个国家中.不过由于主要登载纯粹数学论文,有人把它戏称为《纯粹无用数学杂志》(Journal fur die reine unangewandte Mathematik).1836 年,法国刘维尔创办法文的《纯粹与应用数学杂志》(Journal de Mathematiques Pures et Appliques),也称刘维尔杂志,以登载伽罗瓦的论文而著称,它也是重要的专业数学杂志.《克莱尔杂志》后来成为柏林大学发表论文的主要阵地,于是格丁根大学的 A. 克莱布什(A. Clebsch,1833—1872)和哥尼斯堡的 C. G. 诺伊曼(C. G. Neumann,1832—1925)就创办了《数学年刊》(Mathematische Annalen)(1868 年创刊),主要刊登不变式论及代数几何学的论文,后来克莱因及希尔伯特任编辑后,该刊成为有影响的国际性杂志.1882 年,瑞典米塔格-莱弗勒创办著名的国际性数学期刊《数学学报》(Acta Mathematica),最初几卷登载的是当时还不出名的年轻数学家庞加莱的论文,庞加莱成为 19 世纪末最大的数学家更大大提高了这份杂志的身价.这份杂志还刊载康托尔的集合论论文的译文,从而大大推动了集合论的传播,这反映了数学期刊对数学交流、数学发展及培养数学家所起的良好作用.

(5)高等学校科学杂志

高等学校创办数学杂志为活跃大学的学术活动提供了重要阵地.1794 年法国综合技术学校成立以后,即创办了《综合工科学校杂志》,这大大促进了综合工科学校成为法国数学的中心.1864 年巴斯德创办了《高等师范学校科学记事》,成为 19 世纪末对现代数学颇有影响的杂志.英国的《剑桥数学杂志》一度被称为《剑桥与都柏林数学杂志》,也有许多重要论文发表.

(6) 数学会出版的期刊

19世纪60年代起,专业化数学会的出现也使得各种数学会的期刊大量产生,如《伦敦数学会会报》(1865年创刊)、《法国数学会通报》(1873年创刊)、《德国数学家联合会年报》(1890年创刊)、《美国数学会通报》(1891年创刊)等.特别是《德国数学家联合会年报》发表了许多著名的综述论文,其中最有影响的是希尔伯特的《数论报告》(1897),对于学术交流及其后的研究起了重大的推动作用.《美国数学会通报》介绍先进的欧洲数学,报道欧洲大学情况及课程设置,对于提高美国数学水平起着有益的作用.

据统计,19世纪发表数学论文的期刊新增950种[①],但真正刊载高质量的创造性论文的期刊不过十几种.到了20世纪,数学期刊仍为最重要的交流手段,发表数学论文的期刊在4000种以上,而公认重要的有400~500种,其上发表的每篇论文都在《数学评论》予以评论.由于期刊及论文数量过多,《数学评论》等文摘杂志就成为了解当前国际成果的主要手段.第二次世界大战以后,从国际数学家大会、地区会议到各种分科专业学术讨论会成为重要的交流手段.对未能参加会议的数学家,则不得不等上一两年去看会议记录了.

5.4.2 合作

由于数学研究的特殊性,19世纪以前的数学基本上是个人的创造.到了19世纪,许多数学家开始在一起合作研究数学,他们私交很好,经常通信讨论数学,但是不一定合作写许多篇论文.如凯雷与西尔维斯特经常在一起讨论数学,但没有共同署名写过一篇论文.希尔伯特与胡尔维茨只合作写成一篇论文,希尔伯特与闵可夫斯基没有合作写过论文.弗洛宾纽斯和史梯克尔伯格合作写抽象群论的论文.20世纪最典型的合作者是英国的哈代及李特尔伍德,正是由于他们两位的合作,奠定了现代解析数论的基础.在他们开始合作之前,哈代已经发表了100多篇论文,在国内外已颇有名气,因此人们对于这位初出茅庐的李特尔伍德的存在性产生了很大的怀疑,朗道甚至说那是哈代的玩笑,李特尔伍德并不存在.一直到亲自见到,才说英国有三位大数学

[①] F. Müller, *Jahresb.* DMV. 121903, p.439.

家:一位是哈代,一位是李特尔伍德,一位是哈代和李特尔伍德.他们两位一个在牛津,一个在剑桥,合作几乎完全靠通信,他们还约定一套工作方式,就这样合作写出上百篇重要论文.

1940年以后数学论著数量猛增,合作论文的数目也增长很快,据《数学评论》的统计,合作的论文的百分比迅速增长,见表5-1.

表 5-1　　数学论著总数及合作论著数

年份	论著总数	合作论著数	合作论著/%
1940	1579	92	5.8
1950	3298	214	6.5
1960	4393	473	10.8
1970	12011	1680	14.0
1980	18383	3932	21.4

1990年估计论著超过50000篇,每4~5篇就有一篇是合作的结果.

除了有形合作,也就是署名的合作之外,还有许多无形的合作,最重要的就是帮助审查,特别是许多大问题的解决.德·布兰吉斯关于比勃巴赫猜想的证明一开始被权威们所拒绝,因为一方面他300多页的手稿的确有漏洞,另一方面作者的确有常出错的记录,没有人愿意花大量时间去审看来不大靠得住的结果.德·布兰吉斯不得不利用去苏联的机会,同列宁格勒的同行一步一步验证这个烦琐的证明,花了两个多月的时间,这个震惊数学界的成就终于得到了确认.

5.4.3　竞争及争论

数学应该说是学科内争论最少的一门学科,它既没有哲学、社会科学涉及阶级利益和意识形态的一方面,也没有自然科学中对同一现象有着不同的解释、提出不同的假说的一方面.历史上错误的观点占统治地位的时期在自然科学史上并不少见,如燃素说、热素说、以太说等,许多正确的理论往往也经过很长的时间有过多次反复才得到学术界普遍的认可和支持,如亚佛加德罗的分子理论和大地漂移理论.至于理论的细节往往是不同学派争论不休的课题,如进化论.宗教政治及意识形态上的原因而提倡伪科学、压制真科学的争论也有所表现,只不过反对意见几乎听不到罢了.苏联的李森科"学派"是这方面的典型例子.

尽管如此,数学家在对待数学理论及成果方面也不是铁板一块,他们的分歧往往表现在观点方面,而比较少表现在一个结果是对还是错.虽然也有人坚持错误结论,如至今仍有人企图用圆规、直尺三等分任意角,认为 π 是有理数等,但这些人绝大多数是"业余爱好者",而非真正受过训练的数学家.数学家内部的争论,说到底往往是他们的哲学观点,表现在下面一些方面:

(1)对于突破过去传统的东西是接受还是否定

这方面有一些典型例子,一种是非欧几何学.这里面有两个层次:有的人否认平行公理的独立性,还坚持认为从其他欧几里得公理可以证明平行公理,这种人跟还妄图用圆规、直尺三等分任意角的人一样是完全错误的,这种真伪是非的争论已经解决.还有一部分人否认非欧几何学的存在,认为只有一种几何学,即欧几里得几何学.在 19 世纪,这同传统的几何观点有关,因为当时把几何学看成是研究现实空间的图形,正如物理学是研究现实空间中的运动和力一样.19 世纪的著名数学家 A. 德·摩根(A. de. Morgan,1806—1871)及逻辑学家 G. 弗瑞格(G. Frege,1848—1925)都是非欧几何学的反对者.这种观点是一种极端狭窄的观点,但不能与前一种观点相提并论.不过随着时间的推移,非欧几何学也被越来越多的学者接受.

另一个典型的例子是集合论.自从康托尔于 1873 年开始创立集合论以来,一直遭到多数数学家的反对和冷遇,克罗内克反对在他编的《克莱尔杂志》上刊登康托尔的论文,他的出发点是反对实在无穷,他的名言是"上帝创造了数,其他一切都是人造的."数学家只研究由自然数经过有限运算产生出来的东西.

(2)哪些东西是合法的?

在数学发展过程中,引进许多直观以外新的元素,如负数、无理数、虚数等.每一次引进都有相当激烈的斗争,其中有些直到现在还有异议.随着时间的流逝,这些均得到数学界的公认,但有些东西的合法性还有争论甚至反复.如无穷小量、发散级数、δ 函数乃至算符演算等.许多在物理上实用但数学上不严密的概念、方法,往往经过数学家加以严密化而得到数学界的公认.

(3) 哪些东西是有用的?

随着突破传统束缚的一方不断取得胜利,数学发展成为一个越来越庞大、不易控制的学科,自然就会提出:由于毫无限制的推广,数学过度肥胖臃肿的身躯是否都有用? 或者对其他学科有用,或者对数学本身有用.这是一个数学家内部争论的问题,也是一个涉及数学成果评价的重要问题.部分数学家采取了最宽松的观点:数学无非是数学游戏,只要自己不出矛盾,自圆其说就行.在这方面有代数结构和拓扑结构,如群、环、域、拓扑空间的各种各样的推广,有各种非标准数学如非标准数论、非标准分析,更有与整个数学平行的模糊数学.另外,数学家采取了不同程度较为狭窄的观点,认为有用的数学必须能解决实际问题,至少对数学的重大难题有所贡献.

5.5 国际交流与国际组织

数学的发展一开始就依赖于交流,没有交流及知识的传播,也就没有数学知识的统一与国际化.虽然在有些情形下,数学的确是在孤立的情况下发展起来的,甚至居于世界领先地位,但事实证明这种状况不可能长久持续下去.在交通及通信受到限制的条件下,交流的确是不容易的事.但从公元前起,数学的交流及传播已在积极进行.中国的数学传播到日本、朝鲜、东南亚及印度,一直延伸到波斯、阿拉伯等乃至欧洲地区.希腊的数学先是传播到地中海沿岸,后来到近东地区,经由阿拉伯人保存下来,文艺复兴前后又回传给欧洲,形成近代数学的基础.印度数学经由阿拉伯人的手也为世界数学做出自己的贡献.16 世纪以后欧洲数学成为占主导地位的数学,随着殖民化过程开始向各地传播,成为统一的世界数学.

从近代数学发展的早期,特别是 17 世纪解析几何及微积分产生的光辉时代里,数学家就已跨越国界进行真正的交流.那时交流的主要形式为私人访问、留学以及书信来往.这种交流常常促进各国数学的发展.19 世纪,许多德国数学家访问法国,对他们的成长很有好处.如狄利克雷在 1822 年到 1827 年访法期间学习傅里叶分析及数学物理,对德国后来的数学物理学发展大有好处.后来克莱因和李在 1870 年访问巴黎,掌握若尔当先进的群论的观念,使得他们把群与几何学结合起来,大大推动了几何学的发展.克莱因访问美国也学习了数学物理并大力在德国普及应用数学.贝蒂等三位数学家访问德国、法国,标志着统一后的意大利的数学从此获得新生.

除了短期的交流(留学、开会、访问)之外,数学家还发生国籍变动及流动的情况.19世纪之前,宗教迫害常常是数学家逃离祖国的原因,典型的是 A. 德·莫伏瓦(A. de. Moivre,1667—1754)因信新教逃到英国.19世纪由于政治动荡而长期流亡国外的有柯西.由于经济等方面的原因,欧洲许多国家居民流亡到美国.如维纳的父亲是俄国人,后来移居美国,维纳生在美国,所以成为美国人.列夫希兹离开俄国去了法国,后定居美国.也有一些人,因工作关系流动,德国数学家到瑞士、俄国、奥匈帝国长期工作的情形屡见不鲜,如胡尔维茨等人.其他国家也有类似的流动,如斯蒂尔杰斯从荷兰到法国工作.20世纪两次大战以及政治动荡是数学家大批流亡的原因.十月革命以后,许多俄国数学家流亡国外,如 A. S. 别斯考维奇(A. S. Besicovitch,1891—1970)去了英国,O. 查瑞斯基(O. Zariski,1899—1986)、J. V. 乌斯宾斯基(J. V. Uspensky)、S. P. 铁木申科(S. P. Timoshenko,1878—1972)、J. D. 塔马尔金(J. D. Tamarkin,1888—1945)等人流亡美国.欧洲一些数学家也来到了美国,如荷兰的 D. J. 斯特卢伊克(D. J. Struik,1894—2000),瑞典的 E. 希尔(E. Hille,1894—1980)、挪威的 O. 奥尔(O. Ore,1899—1968)等.希特勒上台后,对犹太人的迫害造成数学家的大流动.大量欧洲数学家流向美国使美国获益匪浅,从而使美国在战后成为名副其实的数学超级大国.

随着数学知识的迅速膨胀,文献数量猛增,要想通过讲授、阅读以及过去简单的交流方式来掌握这些知识已不可能,于是国际数学家大会这种有效的交流方式便应运而生.1896年瑞士一些数学家开始倡导,在各国数学家的赞同下,于1897年在苏黎世召开第一次国际数学家大会.虽然参加者多为欧洲人,其国际性也的确可以说是空前的了.其后1900年、1904年、1908年、1912年召开四次大会,对20世纪数学发展有着重要影响.特别是希尔伯特在1900年巴黎大会数学史组上做"数学问题"的报告,庞加莱在1908年罗马大会上做"数学基础"的报告,1908年决议建立国际数学教育组织.短短几次会议,对国际数学教育改革起着重要推动作用.第一次世界大战影响了国际数学交流.1920年及1924年的会议不让战败国特别是德国参加,这妨碍数学的交流,实际上对战胜国——法国、英国、美国、意大利等也有不利影响.德国在抽象代数、代数数论、几何等领域远为先进,在泛函分析、拓扑学、数理逻辑等方面也处于领先地位.有识之士及时扭转这种偏向.希尔伯特在1928年率代表团到意大利博洛尼亚参加大会,受到热烈欢迎.1932年决议设置菲尔兹奖,并于1936年在挪威奥斯陆会议上首次颁发.不过这时国际上的大气候已是山雨欲来风满楼了.第二次世界大战使四年一次的国际数学家大会推迟了10年,1950年在美国坎布里奇召开的第11次代表大会是在冷战气氛下召开的.美国当时麦卡锡时期的反共狂热也给一些"左派"人士如阿达马、施瓦兹带来麻烦.东西方的政治分裂一直影响着战后的国际交流.不过在1950年,22个国家的数学团体联合会共同发起,1952年正式成立国际性数学组织——国际数学联合会(IMU).IMU成为国际性的常设机构,现有50多个成员国,除了负责组织四年一次的国际数学家大会的召开,还资助专业性及地区性的会议.由于战后交通、通信、出版的改善,各种交流层出不穷,除了政治、经济及社会因素,国际交流基本上已经没有多少障碍,这大大促进了新理论、新成果、新方法的普及及传播,有力地推动了数学的飞速发展.

六 一些国家数学的发展道路

许多国家都具备数学发展的基本社会条件,但它们各有各的情况,各有各的道路.某些国家,特别是一些小国及处于初期的发展中国家,往往只是少数天才、精英控制局面.有时几个人甚至一两个人的孤立创造就使一个国家在某个方面遥遥领先.最明显的例子是 19 世纪初的德国,自高斯之后局面大变.19 世纪末的法国,数学家也不多,但庞加莱等少数人对数学的推进并不亚于其他任何国家.当一国科学及数学发展到成熟时期之后,就形成连续性的、体制化时期.发展数学靠群众,大数学家不一定是天才,他们也是从群众中涌现的.19 世纪末的德国,第二次世界大战以后的美国、苏联和日本都是这种情形.这种道路可保证数学发展的连续性,在有大量数学家存在和竞争的情况下,也有利于优秀的数学家不断出现.这种体制当然要有雄厚的社会力量做后盾.值得一提的是,与欧美国家不同,中国、日本及印度都是丢弃自己原有的数学传统,全面接受西方数学.这里将比较详细地叙述日本数学的发展道路,它的经验及教训值得借鉴.苏联是以社会主义社会的科研体制来发展数学的,数学的发展与社会政治状况密切相关,也值得注意.

6.1 法国、德国和英国数学的不同发展道路

19 世纪初,法国是唯一的数学大国,到 19 世纪中叶,德国也成为一个数学大国,英国开始走上自己的发展道路.但三个国家的情况是完全不同的.

6.1.1 法国的数学

19 世纪初,最有影响的数学家集体集中在法国,而长期以来,法国的数学中心一直在巴黎.100 多年来经过五六代数学家的努力,法

国的数学在国际上总是保持着领先地位.第一代是以拉格朗日、拉普拉斯、勒让德为首的分析学派,他们都是用分析工具解决力学、天文学、物理学等的问题,同时相应发展了数学分析的方法,尤其是解各种方程.这个传统到19世纪末一直得到继承.同时,蒙日发展了综合几何学与解析几何学(包括无穷小几何学),奠定了19世纪上半叶几何学大发展的基础.第二代从傅里叶、泊松到斯拉姆及刘维尔,最突出的人物是柯西,他们发展了强有力的分析工具用来解决各种数学、物理学问题,特别是傅里叶分析及复变函数论.与之对立的是庞塞莱和沙尔对射影几何学的奠基性工作.另外,伽罗瓦和柯西在置换群及方程论方面的工作对后来的发展影响很大.第三代数学家的代表人物是埃尔米特、若尔当及达尔布,他们的研究更为纯粹、更为专门、更有继承性.第四代又恢复了昔日的光荣,最突出的是庞加莱,他对整个数学部门都做出了自己的贡献,同时为后人开拓许多新领域,特别是组合拓扑学及微分方程定性论.同时代的毕卡、班勒卫、阿达马也都是有国际声誉的大数学家.他们在19世纪末20世纪初恢复了法国数学的领袖地位.20世纪初以保莱尔、拜尔、勒贝格为首的一批数学家开创了函数论的方向,同时也使数学局限在函数论的狭窄领域.与他们同时代的 É.J.嘉当及 P.列维(P. Levy,1886—1971)只是在20世纪30年代以后才显示出他们的影响.他们都是20世纪伟大的数学家.

  以独创性著称的法国数学家在第一次世界大战之后开始走下坡路.一方面在战争中牺牲了整整一代人,另一方面在教学及科研方面的保守倾向和对外封闭,使法国数学开始落后,特别是落后于德国,就连法国最热门的函数论也落后于芬兰及其他国家.这时新兴的一代数学家开始放眼于外,走出法国,到国外学习在法国很少甚至没有研究过的新旧领域——代数数论、代数几何学、抽象代数学、数理逻辑、拓扑学及泛函分析等,然后回到法国掀起新的改革运动,这就是布尔巴基学派.[①]布尔巴基学派在第二次世界大战之后领导世界数学潮流,到20世纪70年代初开始衰落,这时法国数学的应用倾向抬头,在许多方面产生世界瞩目的成就.

[①] 胡作玄.《布尔巴基学派的兴衰》,上海知识出版社,1984.

6.1.2 德国的数学

德国数学的发展与德国大学教育的发展和改革密不可分. 1810 年柏林大学由于 W. 洪堡（W. Humboldt, 1767—1835）的努力而建立. 当时还在法国占领下的普鲁士, 发扬了民族主义精神, 发愤图强, 在经济极端困难的情况下, 不惜重资, 准备把它建成德国学术中心. 从一开始就聘请当时最好的学者如高斯（回绝）等人, 后来又邀请雅可比、狄利克雷、阿贝尔、爱森斯坦等人, 才逐步使柏林大学成为德国数学发展的中心. 从此柏林大学不仅是教学的场所, 同时成为科研的基地. 其他大学如布雷斯劳大学（1811 年建立）和波恩大学（1818 年建立）也仿照柏林大学进行改造. 另一项有意义的改革是哲学院地位的提高. 以前哲学院是"低级"学院, 它不过是通过给学生补充及加深中学课程, 以此为进入"高级"学院（特别是神学院及法学院）做准备而设置, 教师水平不高, 更谈不上科研. 从这时起, 哲学院开始成为培养中学教师的专门学院, 其后有一些哲学院的语言学家提出：教学不是一种可以教会的艺术, 教授的目标不是培养教师而是培养学者. 跟着属于哲学院的数学家、物理学家、史学家也采用同样的观点, 这样, 使大量培养数学家的体制建立起来. 另外, 哲学院的学生人数比例也猛增：1830 年哲学院学生占大学生总数不到 20%, 而神学院学生却占 40% 以上；1850 年哲学院和神学院已经差不多都占 25%；1900 年左右已占到一半左右, 而神学院学生不到 10% 了. 哲学院教授的数目增长得更快. 到 1860 年哲学院教授数目已超过另外三院的总和. 从这时起德国有 20 多所大学, 另外还有许多高等技术学院, 1900 年左右大学的数学教授席位整整 50 个, 远远超过其他国家, 另外还有其他的职位可供数学家选择, 这在体制上保证了数学的发展.

德国大学生享有学术自由, 可以自选课程, 还可以流动, 这学期在甲大学, 下学期到乙大学, 这对他们开阔眼界很有好处. 而对教授来讲也是自由竞争, 好教授门庭若市, 初出茅庐的、尚未有名气的教授听众甚少, 门可罗雀. 学生进入学术界的第一个阶梯是博士学位, 这首先得至少听过三年课, 通过严格的口试, 向大学提交博士论文, 经过答辩而取得. 而有些学生想当中学教师, 只需通过国家考试即可. 比如魏尔斯特拉斯就没拿博士学位, 这种情况很少. 如果要在学术界晋升, 还要取得授课资格,为此需要写"为取得大学授课资格的论文"(Habilitions-Schrift)并进行答辩.从取得博士学位到取得授课资格最短一年,最长四年.有了授课资格才可以在大学授课,称为编外教师(Privatdozent),按字面理解是"私人讲师",只能靠向学生收取听课费来维持生活.然后,当大学有空缺的教授或副教授席位时,成为政府发工资的副教授(Ausserordentlicher Professor)①和正教授.副教授是过渡性职称.一般席位很少,一般大学只有一个,有的一个也没有.德国学术最高的职称是教授,教授工资较高,生活比较稳定,不必到处兼职,可以安下心来从事学术研究.但是从编外教师熬到教授(或副教授)一般得四五年,如果没有可靠的生活来源,只靠讲课费,经济是极为拮据的.黎曼1851年取得博士学位,1854年取得授课资格,到1857年升为副教授,其间生活到了赤贫的地步,经常挨饿,回到家乡靠步行.因为教授职称有限,也有不少人另谋高就.

德国数学发展的最大特点是多个数学中心的形成.德国数学在17、18世纪只有少数数学家,除了莱布尼茨外,其他数学家并没有国际影响.第一个使德国数学引起世界注意的是高斯,他的《算术研究》(1801)远远超出了当时数学界水平,他的天文学研究更引起人们注意.但他主要从事天文、物理、测地等工作,并没有在格丁根形成一个数学学派.1810年建立的柏林大学,在狄利克雷任教之后,逐步成为一个数学中心.德国数学发展是多中心的,大学生长期以来就有从一个大学到另一个大学就读的传统.另外,教授和讲师也经常流动以促进诸大学间的交流.特别是雅可比在哥尼斯堡大学任教期间把讨论班的形式引入数学教学,讲授研究成果,这种把教学及科研统一的形式后来普及到其他大学乃至国外,对数学研究起了很大促进作用.高斯、狄利克雷、雅可比是德国19世纪上半叶三位最伟大的数学家.19世纪中叶以后,德国数学蓬勃发展,一方面是以麦比乌斯、史坦纳、史陶特、普吕克尔、海斯等人为代表的综合几何学及解析几何学研究,另一方面是以狄利克雷、雅可比、库默尔等人为代表的分析学研究,这方面最突出的代表人物是黎曼和魏尔斯特拉斯.1855年到1856年库默

---

① 直译是 Extraordinary Professor,实际是 Associate Professor,有人误译为编外教授,还有人译成超级教授更是不妥,译成助理教授也不妥,这相当于美国的 Assistant Professor,但德国没有相应的级别,也没有讲师职位.

尔、魏尔斯特拉斯和克罗内克先后到柏林大学任教,柏林学派正式形成.尤其是以魏尔斯特拉斯的学生中自命不凡的人更是不计其数,康托尔及柯瓦列夫斯卡娅是其中佼佼者.19世纪末他们相继去世,其接班人富克斯、施瓦茨、弗洛宾尼乌斯,趋向于专门化,柏林大学的影响已经不能同格丁根大学相提并论了.格丁根大学的数学经过狄利克雷、黎曼、克莱布什的经营之后,吸收了大量有前途的数学家.其后有富克斯、施瓦茨等人任教授,1886年克莱因任教授.克莱因是最有能力的组织者之一,1894年聘希尔伯特为教授,从此格丁根形成国际数学中心.德国数学的繁荣到1933年希特勒上台后遭到毁灭性打击.大批教授移居国外,国内学者缺少领袖数学家,学术刊物也政治化,特别是比勃巴赫等人创办的《德意志数学》,每期刊登元首语录.学生人数减少一半,在第二次世界大战期间,刊物也大量缩减.许多纯粹数学家也不得不从事军事研究,如哈塞及 W. 克鲁尔(W. Krull, 1899—1971).第二次世界大战后的极端困难的物质条件更使德国数学奄奄一息.到20世纪50年代,一代新人才使德国数学逐步得到恢复及发展.

6.1.3 英国的数学

19世纪英国数学的贡献主要有两个方向:一个方向是逻辑和代数,另一个方向是数学物理学.前一个方向有皮科克、德·摩尔根、布尔、哈密顿,到凯莱及西尔维斯特达到顶峰,他们发展的线性代数及不变式论是19世纪代数学的主要成就.斯密司及克里福德在数论及代数方面也有突出贡献.另一个较为孤立的方向是组合论,如 T. P. 寇克曼(T. P. Kirkman, 1806—1895)女生问题以及图论,如四色问题.在后一个方向多是身兼物理学家的数学家,除哈密顿之外,有格林、爱理、亚当斯、斯托克斯、汤姆逊、麦克斯韦、台特、劳斯、瑞利、达尔文、兰姆等人,他们的物理学或天文学成就举世公认,因此往往掩盖了他们的数学成就.实际上,他们的贡献也是第一流的.到19世纪末,英国数学又开始落后,罗素在他的自传第一卷(1967)中讲到,英国数学没什么学的,他读了三年数学系,把书卖了,转了哲学系.一些年轻数学家如 W. H. 杨(W. H. Young, 1863—1942)夫妇再一次向大陆数学界学习,引进当时先进的点集论、测度及积分论、符号逻辑、群论、函数论、解析数论等.这里面弗赛斯写的《函数论》最早介绍大陆的复变函数论,E. W. 郝伯孙(E. W. Hobson,1856—1933)的《实函数论》(1906)最早介绍大陆的测度及积分论,哈代说过 A. E. H. 拉夫(A. E. H. Love,1863—1940)介绍他看若尔当的《分析教程》才打开了他的眼界,认识到什么是数学.正是由于哈代等人吸收了大陆的先进数学,加上自己的独创研究,使英国在第一次世界大战前后,再一次跻身于世界数学强国之列,其中突出的是以哈代和李特伍德为首的解析数论及数学分析、以 W. V. D. 浩治(W. V. D. Hodge,1903—1975)为首的代数几何学、以伯恩塞德及浩尔为首的群论、以纽曼及怀特海为首的组合拓扑学等.而对数学基础影响很大的则是罗素和怀特海的《数学原理》,其意义远远超出数学之外,在数理逻辑上拉姆塞及图灵这两位的天才工作至今影响未衰.第二次世界大战以后,传统的领域后继有人.如罗斯及贝克尔等在解析数论方面的工作使英国在国际上仍保持领先地位,在新兴的学科中出现了许多杰出人物,最突出的当推阿提雅,他是多方面的数学大师,在拓扑学、几何学、代数学及分析学方面均有贡献,尤为难能可贵的是在诸领域的交会点上使数学的统一性暴露出来.

6.2 美国的数学

19 世纪 80 年代,美国在世界工业生产中所占比重超过英国而居世界第一.到 19 世纪末这个数字已达 30%(作为比较,英国 20%,德国 17%,法国 7%,俄国 5%,而日本仅为 1%)[1],同时技术也飞速发展,发明和技术革新层出不穷,美国授予的专利权从 1880 年的 14000件上升到 1907 年的 36000 件,也居世界首位[2].但是美国的科学特别是数学比起欧洲大陆远为落后,整个 19 世纪几乎没有一位有国际声望的美国数学家,如果算数学家的话,最著名的是物理学家、统计物理学的奠基者之一 J. W. 吉布斯(J. W. Gibbs,1839—1903),他发展了向量分析;天文学家 G. W. 希尔(G. W. Hill,1838—1914),现在仍以希尔方程著称;另外还有 S. 纽康伯(S. Newcomb,1835—1909).美国数

---

[1] 罗斯托,《世界经济》,第 52-53 页.
[2] 博德,《资本主义史:1500—1980》,1982,1987 中译本,东方出版社,1986,第 171 页.

学会的前身——纽约数学会在1888年成立,创立者是一些研究生,他们请他们的老师当第一任会长.1894年纽约数学会改称美国数学会,会员只有200多人,当时的数学教学水平极低,恐怕还比不上日本,更不用说研究了.

美国数学开始起步主要靠向先进的欧洲数学学习,特别是法国和德国,办法是请进来和走出去.第一位对美国数学产生促进作用的是英国数学家西尔维斯特,他曾两次赴美,1841年曾在弗吉尼亚大学任教,因其他原因愤而辞职,不久就回到英国.1876年再次赴美,被1876年创立的约翰斯·霍普金斯大学聘任教授,1878年创立《美国数学杂志》,是美国第一份专业数学杂志,在他的影响下,美国开始了分析理论、不变式论及代数其他方面的研究工作.1893年芝加哥举办万国博览会,借此机会美国数学家组织了一次"国际"数学家大会,克莱因参加了大会并宣读了十几位德国数学家的成果.这次和1896年他都做了一系列报告,介绍德国的数学,这在美国数学界产生了巨大的影响.

从这时起,美国的许多著名数学家都到欧洲留学直接跟随德国、法国的大师们学习当时最先进的数学.克莱因及希尔伯特所培养的博士生中都有美国数学家.如 H. B. 范因(H. B. Fine,1858—1928),他是克莱因的博士生,回国以后写的《学院代数》(*College Algebra*),长期以来是美国的标准教材,中译本《范氏大代数》在中华人民共和国成立前一直是中学的教科书.一些在欧洲出生的乃至受教育的数学家随着19世纪末的移民浪潮到达新大陆,成为数学领域一些学科的带头人,他们中有出生在俄国的莱夫谢茨和查瑞斯基,以及在美国出生的第一代人维纳.但真正使美国数学成为世界一流主要靠因希特勒上台而驱赶来美的大批欧洲数学家.在他们的带动下,美国在第二次世界大战后,成为真正的数学大国.

美国数学的崛起大约经历了五代人.第一代是一些学术带头人,特别是 E. H. 莫尔(E. H. Moore,1862—1932),在19世纪最后10年开始追随西欧,进行一些研究工作,并培养出一批学生.在当时方兴未艾的领域,如代数学及公理学方面进行一些工作.F. N. 科尔(F. N. Cole,1861—1926)、G. A. 米勒(G. A. Miller,1863—1951)在群论方面写了不少论文,尤其是狄克逊,在线性群方面的工作是若尔当以后最重要的发展. 狄克逊和从英国来的魏德本对线性结合代数的研究,在历史上起着重要的作用. 在公理学方面,随着希尔伯特《几何学基础》的问世而掀起的一个公理化热潮,莫尔、狄克逊及亨廷顿把抽象代数各种结构(如群、环、域等)真正加以公理化. 第二代的数学家开始为美国数学在世界上争得一席之地. 老伯克霍夫在1913年解决庞加莱的最后猜想,使欧洲数学家大为震惊,从此开创"动力系统"这一分支. 伯克霍夫以哈佛大学为据点,是两次世界大战之间美国数学界公认的领袖人物. 他的学生 M. 莫尔斯(M. Morse,1892—1977)大大扩张了他的工作,开创了大范围变分法即莫尔斯理论,直接影响20世纪50年代拓扑学大发展. 美国数学界另一位领袖人物是 O. 维布仑(O. Veblen,1880—1960),他是美国拓扑学的奠基者之一. 在这期间,美国的拓扑学人才济济,在世界上占有重要地位. 如 S. 莱夫谢茨(S. Lefschetz,1884—1972)、I. W. 亚历山大(I. W. Alexander,1888—1971)以及 R. L. 莫尔(R. L. Moore,1882—1974)的工作对美国未来数学的发展有着重大影响. 在分析方面,维纳的工作(如陶布型定理、布朗运动等)以及道格拉斯关于普拉托问题的解决都引起了欧洲数学家的注意,道格拉斯因此也荣获1936年首次颁发的菲尔兹奖. 在微分几何学及变分法方面也有相当多的数学家在研究. 而在其他方面,则是欧洲数学仍占优势. 第三代数学家是在第二次世界大战前后成长起来的. 由于欧洲政治、经济局势不稳定,他们多是土生土长,没有直接受欧洲影响. 不过这时随着欧洲许多大数学家移居美国,欧洲数学逐渐衰落,使得美国开始走上数学大国的道路. 除了从欧洲大陆来的大数学家冯·诺伊曼、外尔、诺特、库朗、阿廷、西格尔、哥德尔、韦伊、薛华荔、布劳尔等,美国这一代数学家也有突出表现,如 M. 斯通(M. Stone,1903—1989),他们不仅在泛函分析等领域有杰出贡献,而且使芝加哥大学成为美国数学中心之一. 惠特尼、斯梯恩洛德(Steenrod,1910—1971)及麦克莱恩在拓扑学与同调代数方面贡献突出. 小伯克霍夫奠定格论的基础,他们都是后来美国数学界的领袖人物. 在国外移民来美的大数学家及本国培养的数学家的共同努力下,第四代数学家开始使美国数学从20世纪50年代起在各个领域处于全面领先地位,而且形成一些重要的中心,影响着其后数学的发展. 最突出的贡献如 J. 米尔诺(J. Milnor,1931年生)、R. 鲍特(R. Bott,1923—2005)、S. 斯梅尔(S. Smale,1930年生)等在微分拓扑学及代数拓扑学取得的突破;J. 台特(J. Tate,1925—1992)、R. 朗兰兹(R. Langlands,1936年生)对代数数论的贡献;W. 费特(W. Feit,1930—2004)、J. G. 汤姆逊(J. G. Thompson,1932年生)证明柏恩塞德猜想,直接打开有限单群分类的大门. 此外,P. 科恩(P. Cohen,1934—2007)证明连续统假设的独立性;哈瑞什-钱德拉(Harish-Chandra,1924—1984)在李群表示论、A. 波莱尔(A. Borel,1923—2003)在代数群论方面的工作,均开辟了新方向. 在查瑞斯基和韦伊的影响下,代数几何学的新方向形成,D. 曼福德(D. Mumford,1937年生)、广中平祐(Hironaka Heisuke,1931年生)、格罗滕迪克(A. Grothendick,1928—2014)都受到他们的影响. 第五代美国数学家是战后出生,在20世纪七八十年代崭露头角的一代. 这一代人在良好的生活环境及教育、学术环境下成长起来,因此,只要自己努力,不难取得职位及成就. 美国数学教学科研体制形成、教学质量的提高、学生数量的增长、交通方便、交流频繁、多个中心形成,使美国数学在世界上无疑处于首屈一指的地位. 在这种条件下,自然可以期望美国数学家取得许多重大成果. 如低维拓扑学、数论、微分几何学、有限群论等学科,美国数学家都遥遥领先. 在应用数学方面,美国数学也取得多方面的进展. 现在美国已成为门类齐全、人才济济的数学超级大国.

6.3 苏联的数学

苏联在1991年底解体之前是一个超级大国,在数学上也是如此. 有着近75年社会主义建设历史的苏联,在发展科学技术方面走着一条独特的道路. 它反映出社会制度对科学发展的巨大影响. 从整个经济技术发展历程来看,应该说建成了一个社会主义经济体系,对数学的发展提供了很好的用武之地,这也说明为什么一些重要的思想,如康 Н. Д. 德拉节耶夫(Н. Д. Кондратиев,1892—1938)的循环、辛钦的排队论、康托洛维奇的下料问题、柯尔莫戈洛夫的统计控制等方面的研究工作,最初出现在苏联. 不过,苏联的经济结构弊端极多,军事工业—重工业—轻工业—农业极度不平衡就是其中之一. 这导致技术乃至科学发展的不平衡,除了与军火工业有关的技术得到优先照顾有一定的发展之外,其他方面就不那么先进,处于落后甚至空白状态.但由于苏联教育及科研体制的稳定确立及迅速发展,苏联的基础教育(十年制到十一年制)普及率几乎达100%,高等教育也很出色,科学家和工程师的人数仍居世界首位,发表的科技文献的数量也不少,不过科研质量及效率就不是很高了.据苏联科学院的资料,他们认为苏联在十大领域占优先地位:数学、力学、量子电子学、固体物理、核动力学、化学、物理化学、生物学、宇宙科学、地球科学.单从这方面看苏联在当前许多最重要的领域,如理论物理学、高能物理学、有机合成化学、分子生物学、生物化学、计算机科学、医药科学并没有太大的贡献.就是这十大领域中有些分支如半导体、激光、结晶学等,也谈不上世界领先.但不管怎么说,在这样的经济技术及科学的背景之下,苏联的数学及力学在世界上的确无可争辩是第一流的.

与后起之秀的美国及日本不同,苏联数学一开始就有相当好的基础.在沙俄时代,已经吸收先进的西欧数学.俄国的建设始自彼得大帝,他开始学习西欧.那时俄国相当落后,到1682年才出版第一本数学书,书名为《买卖物品的简便计算》,这种实用算术的出现已比先进的西欧落后200年.彼得大帝施行多种改革措施,包括发展学校教育、翻译国外书籍、培养专门人才.他同莱布尼茨一起考虑建立科学院的方案,最后于1725年在他去世后不久建立了彼得堡科学院,并延聘尼·伯努利、丹尼尔·伯努利及欧拉等人为院士.欧拉对于数学各方面的贡献也对俄国科学技术的发展起了一定的推动作用.但18世纪科学院这种孤立环境只能保证个别天才的成长而不能使较多数学家涌现出来,要做到这点需要高等教育及领袖人物.比起西欧的大学,俄国的大学要晚500多年.到十月革命前,有数学教育的大学还不到10所,还不如普鲁士王国,其中建立最早的是莫斯科大学(1755年建立).19世纪初建立了道尔帕特(今称塔尔图,属爱沙尼亚)大学(许多德国教授曾在这里任教)、维尔纽大学(属立陶宛)、喀山大学及乌克兰的哈尔科夫大学.1819年建立的圣彼得堡大学是后来俄国数学的中心.1834年建立的(乌克兰的)基辅大学,1888年建立的托木斯克大学都有德国数学家任过教.

19 世纪俄罗斯出现过几位伟大的数学家,其中有喀山大学的罗巴切夫斯基,哈尔科夫大学毕业的 М. В. 奥斯特洛格拉德斯基(М. В. Остроградский,1801—1862),他们是在较为孤立的情况下工作,真正称得上中心或学派的是切贝雪夫建立的彼得堡学派. 切贝雪夫是位真正的天才人物,他的贡献横跨纯粹数学和应用数学各个领域,在他生前就得到欧洲数学界的一致赞赏. 他取得三个方向上的突破为俄国和苏联的数学家所继承,直到现在还显示与欧美不同的三个方向. 首先是理论概率论——推广概率论的两大基本定理——大数定律及中心极限定理,后来被马尔科夫及李雅普诺夫所继承,再后来伯恩斯坦、柯尔莫戈洛夫、辛钦对概率论也做出决定性的贡献. 今天苏联概率论仍在世界上居于领先地位. 其次是函数逼近论. 它的内插与逼近理论代表 19 世纪末的"不等式数学"的潮流. 这个方向后来为伯恩斯坦、柯尔莫戈洛夫、S. M. 尼科尔斯基(S. M. Николъский,1905—2012)、H. И. 阿希泽尔(H. И. Ахиезер,1901—1980)所发展,今天苏联的函数逼近论同样在世界上也是首屈一指的. 最后是解析数论. 切贝雪夫去世后,后继无人,直到维诺葛拉陀夫吸收并改进哈代-李特尔伍德的方法,再度使苏联解析数论居于世界前列. 尽管如此,到 20 世纪初,俄国数学家还是人数比较少,因此,在国际上影响并不大.

十月革命到第二次世界大战期间是苏联数学蓬勃发展的时期. 短短 20 年间产生了一批有国际影响的大数学家,取得了一系列震惊世界的结果,建立了以莫斯科、列宁格勒、基辅、哈尔科夫为中心的学派,培养了一大批年轻的数学家. 特别是莫斯科以 В. Ф. 叶果洛夫(В. Ф. Егоров,1869—1931)及鲁金为首的莫斯科函数论学派影响最大. 他们的学生或学生的学生有 П. 亚历山大洛夫、辛钦、柯尔莫戈洛夫、М. А. 拉夫伦节耶夫(М. А. Лаврентьев,1900—1980),刘斯节尔尼克、施尼列尔曼、П. 诺维科夫、М. Я. 苏斯林(М. Я. Суслни,1894—1919)、乌雷松、И. Р. 彼得洛夫斯基(И. Р. Петровский,1901—1973)、盖尔芳德、盖尔范德等. 在 20 世纪 20 年代到 30 年代,在这种环境下,取得许多重大突破,其中包括柯尔莫戈洛夫等人在概率论及三角级数方面的工作,盖尔芳德解决希尔伯特第七问题,史尼列尔曼在哥德巴赫猜想首次取得突破. П. 亚历山大洛夫及乌雷松在拓扑学,特别是维数论的工作,鲁金及 M. 苏斯林等关于解析集合论的建立等. 其他地方的数学家,如喀山的切保塔廖夫在代数数论的工作对阿廷完成类域论有重大意义,哈尔科夫的伯恩斯坦在一系列领域的出色工作,先在列宁格勒后来在莫斯科的维诺葛拉陀夫在 1937 年解决奇数哥德巴赫猜想,С. Л. 索伯列夫(С. Л. Соболев,1908—1989)关于广义解的概念等反映出苏联数学家在 20 世纪 20 年代到 30 年代的辉煌成就. 这些成就取得的社会条件是什么呢?

(1) 社会精神因素. 当时的物质条件匮乏,教授要在没有暖气的房子里上课. 但是,建设新生活的热情及对科学的强烈追求是使苏联人战胜物质方面困难的主要力量.

(2) 集体的形成及领袖人物的出现. 鲁金是天才的组织者,他本人有着很高的学术造诣,团结了一大批人在他的周围,在团体中充满了求知和研究的气氛,自由交流思想及切磋问题是促使数学家成长的理想环境.

(3) 国内外的学术交流. 1935 年以前,出国学习还是有一定自由的,从 1923 年起 П. 亚历山大洛夫几乎每年夏天都要出国,他去过格丁根、阿姆斯特丹及普林斯顿,接触当时最杰出的数学家,同时也有一些国外数学家,如 E. 诺特到苏联访问,影响了一批年轻人如庞特里亚金及 А. Г. 库洛什(А. Г. Курош,1908—1971),使他们很快跟上了当时世界最新潮流. 当时苏联数学家的大部分成果以外文发表在国外的期刊上,也扩大了自己在国际上的影响. 1935 年在莫斯科召开了第一届国际拓扑学大会,显示出苏联的拓扑学当时居于世界领先地位. 不过从那以后,苏联开始了闭关自守的政策,与国际上的交流基本中断. 有人说,1922 年到 1928 年是苏联科学的黄金时代.[①]

1929 年,苏联对科学院进行清洗,许多人被捕和被解职,其后是斯大林对内肃反,对外闭关锁国时期. 1930 年起已开始对老专家进行批判,首当其冲的是叶果洛夫及鲁金. 叶果洛夫被解职并于 1931 年在喀山去世,鲁金也被扣上资产阶级分子的帽子,1932 年起出国受到严格限制. 有些人不得不铤而走险,非法越境,塔尔马金就是这样逃离苏

---

① Z. A. Medvedev, *Soviet Science*,1978,第二章标题.

联的.

与此同时科学院开始扩大,以年轻人代替老年人.几年期间,高校及研究所增长五六倍.数学研究所于 1934 年与物理所分开,并由列宁格勒迁往莫斯科,形成社会主义研究所的体制,并且从年轻人当中挑选执行党的路线的骨干,使科学院接受党的领导并实行年轻化.一批 30 多岁的院士出现,其中最年轻的是索保列夫,他 31 岁就成为正式院士.1939 年选的新院士当中既有柯尔莫戈洛夫等有真才实学的科学家,又有斯大林宠爱的李森科之类的伪科学帮派.这使建立在孟德尔-摩尔根学说基础上的生物科学大大落后了,连有关的数学,如生物遗传学等也在被禁之列.他们还批判数理逻辑、控制论等学科,限制了它们的发展,从而影响计算技术,使苏联在计算机方面长期落后,这方面的落后又带动计算方法及计算理论方面的落后.

苏联在 20 世纪 20 年代初期,数学教科书主要都用德法名著,如毕卡、保莱尔、勒贝格、E. 古尔萨(E. Goursat,1858—1936)、希尔伯特、闵可夫斯基等的著作,20 世纪 30 年代初,不得不自己编写,第一批教科书中有 И. И. 普利瓦洛夫(И. И. Привалов,1891—1941)的《复变函数论》,П. 亚历山大洛夫和柯尔莫戈洛夫的《实变函数论》,В. И. 斯密尔诺夫(В. И. Сминов,1887—1974)的多卷本《高等数学教程》等.最后这套书还获得斯大林奖金,这样苏联在封闭条件下也形成自己的教学及教科书体系.

第二次世界大战开始后,实力雄厚的数学家解决一些航空的数学问题.苏联年轻一代数学家如 Ю. В. 林尼克(Ю. В. Линник,1915—1972)等人走上战场,大部分人未能生还,这样苏联缺了整整一代数学家(从 1915 年到 1925 年出生的).

第二次世界大战以后,冷战及军备竞赛对苏联科学技术提出更大的挑战,斯大林把主要力量集中在核武器、核能、航空、航天等方面,这大都需要数学家的努力.这段时期中理论联系实际大大加强了应用数学及计算数学的研究.许多研究纯粹数学的也转向应用数学,最典型的例子是庞特里亚金,他带着一批年轻人研究最优控制理论.对于知识分子一方面进行新一轮的批判,另一方面对于"有贡献的"予以奖励,提高工资,在当时国内粮食及消费品仍在定量配给的情况下,对研究军事应用的科学家予以特殊照顾,对于研究不那么立竿见影科学的科学家,则有种种的限制.

这种情况在赫鲁晓夫时代稍有松动.20 世纪 50 年代后期,苏联在军备竞赛上占有优势,而在理论科学及技术基础上实际并不高明,在纯粹数学许多方面,如拓扑学、代数数论、代数几何学、大范围微分几何学等存在差距.于是发展情报工作,大量翻译国外数学书及论文.1953 年起创立《数学》的文摘杂志,1947 年起创立《数学科学进展》杂志,登载综述及重要译文.1957 年到 1974 年创办翻译国外重要论文的杂志《数学》,这些都有助于介绍国外先进的数学,使年轻一代通过这些窗口来了解世界.20 世纪 60 年代起,随着社会生活有一定改善,同国外开始有一定的交流.出生于 20 世纪 30 年代的一批年轻天才的成长,苏联的数学又开始引起世界的瞩目.这由于 1966 年国际数学家大会在莫斯科召开而达到顶点.这次会议参加者打破历届纪录,出席者超过 4000 人,许多苏联学生来旁听.

勃列日涅夫集团上台后,需要利用科学家为他们提供扩军备战服务,对科学家采取了实用主义的态度.

(1)不再对科学扣上"唯心主义""反社会主义"的帽子,在可研究的学科方面有所放宽.

(2)强调研究应用,鼓励研究理论的科学家研究应用.

(3)对于一些坚决推行苏共路线的数学家给予特殊荣誉及地位,他们出国享有较大的自由.如庞特里亚金、索保列夫、维诺葛拉陀夫等人.М. В. 凯尔迪什(М. В. Келдыщ,1911—1978)还成为苏联科学院院长.

(4)迫害犹太人.犹太数学家一直受到歧视,如盖尔范德 1953 年为通信院士,在勃列日涅夫时代由于一帮官方科学家如庞特里亚金之流的反对,始终没有成为院士,一直到 1984 年才以应用数学当选为院士.20 世纪 70 年代起,部分犹太人被允许移居国外,如研究李代数及马氏过程的 Е. В. 邓金(Е. В. Дынкин,1924—2014)移居美国,И. И. 皮亚捷茨基-沙皮罗(И. И. Пятъцкий-шапиро,1929—2009)移居以色列,也有不少人关进集中营或流放.

尽管如此,苏联数学家仍有很强的实力,其主要原因是:

(1)在两次世界大战之间,有一批优秀数学家出现,他们在当时已经做出国际公认的贡献.第二次世界大战以后,像那样的具有权威性及组织能力的领袖人物虽不多见,但 20 世纪三四十年代出生的一些数学家仍有相当大的国际和国内影响.

(2)苏联基础教育的连续性,而且一贯重视数学,大数学家也关心中学数学教育,大学教育水平也很高,数学能够激起不少年轻人的兴趣.

(3)苏联科学院机构及大学的迅速扩大,提供了许多职位,数学家有一定的职业保障,这样在人员供应上有一定保障.

(4)苏联的出版事业比较先进,许多外国著作大都译成俄文,而发表论文的期刊也不少.

(5)除了少数人之外,大数学家的社会地位及生活待遇居于较高水平,他们没有"脑体倒挂"现象,工资比平均水平高很多,数学家是有吸引力的职业.

(6)苏联的大数学家,受到全党全民的尊重,有着崇高的威望,像柯尔莫戈洛夫这样"国宝"级的人物,在 1987 年去世时,讣文都是由戈尔巴乔夫总统带头署名的.

正因为如此,苏联解体之后,在苏联境内出生及培养的数学家继续在国际上领先.从 1990 年到 2006 年五届国际数学家大会上每届都有苏联的数学家荣获菲尔兹奖,共 6 位,占总数 18 位的 1/3.

6.4 波兰的数学

18 世纪末,俄罗斯、奥地利、普鲁士三次瓜分波兰,19 世纪波兰没有特别突出的数学家.一直到 20 世纪初,波兰有两所大学克拉科夫大学与里沃夫大学,围绕当时的教授组成一些数学家集体.1915 年华沙大学重建后,W. 谢尔品斯基(W. Sierpinski,1882—1969)及其两名学生 Z. 雅尼谢夫斯基(Z. Janiszewski,1888—1920)和 S. 马祖尔基耶维奇(S. Mazurkiewicz,1888—1945)开始在华沙兴建起波兰数学中心.1918 年雅尼谢夫斯基发表了"波兰急需数学"的文章,其中要点是:

(1)波兰数学家不能只满足充当外国数学中心的附庸,而应该取得独立的国际地位.

(2) 为此必须集中人才于相对比较狭窄的领域.

(3) 创办国际性的数学杂志.

实际上,这份纲领性文件规划了其后 20 年新兴波兰学派的历史发展. 这 20 年间,波兰数学不仅取得了蓬勃发展,而且在许多学科处于国际领先地位. 尤其值得注意的是,在 20 世纪兴起的五大学科中,波兰学派在其中四个学科中居于世界领先地位,而且在数理逻辑、泛函分析与拓扑学方面有着不可磨灭的贡献. 他们创办了有国际影响的期刊:1920 年诞生的《数学基础》主要发表集合论有关的论文. 1929 年又诞生了《数学研究》,主要刊登泛函分析方面的论文. 波兰人才辈出局面的形成还有赖于领袖人物(组织者)的产生和数学天才的发现和成长. 在华沙,雅尼谢夫斯基去世后,谢尔品斯基是华沙学派最主要的组织者,在数理逻辑方面产生了塔尔斯基和 A. 莫斯托夫斯基(A. Mostowski,1913—1975)这样世界第一流的专家,而且还有带有波兰特色的逻辑学派[如 J. 武卡西也维奇(J. Lukasiewicz,1878—1956)等人的工作最近受到广泛关注],在拓扑学方面有库拉托夫斯基,他的《拓扑学》(1933)总结了当时点集拓扑学的成果,K. 波尔苏克(K. Borsuk,1905—1982)与艾伦伯格是波兰拓扑学的重要代表人物. 影响更大的是里沃夫学派,其组织者是 H. 斯泰因豪斯(H. Steinhaus,1887—1972),他发现了巴拿赫. 巴拿赫是泛函分析的奠基者. 他们的学生,特别是 S. 马祖尔(S. Mazur,1905—1981)、W. 奥尔立奇(W. Orlicz,1903—1990)、肖德尔对泛函分析的发展做出巨大贡献. 后来去美国的数学家乌拉姆及 M. 卡兹(M. Kac,1914—1984)特别是在纯粹数学和应用数学领域都有突出的贡献. 里沃夫学派另一位大数学家是 J. 肖德尔(J. Schauder,1896—1943),他关于函数空间的不动点理论是现在偏微分方程论的基石,不幸的是,他在战争中被纳粹杀害. 到美国的乌拉姆也来自里沃夫. 另外,克拉克夫的 O. 尼古丁(O. Nikodym,1887—1974)是测度论方面的专家,维尔诺(立陶宛的首府)的齐格蒙和 J. 马辛基耶维奇(J. Marcinkiewicz,1910—1940)则是著名的调和分析专家.

1919 年到 1939 年短短的 20 年,波兰产生了近 200 位数学家,写出 1000 多篇论文,其中有不少处于国际领先地位. 究其原因,一是当时数学处于更新换代的新潮流中,他们不必花许多时间去学 19 世纪的老一套思想,一切可以从头创新;二是集体讨论互相交流,在咖啡馆中提出问题,活跃思想,这种自由的交流气氛是产生数学学派和重大成果的必要条件;三是一代年轻人的崛起,他们在这种气氛中很快就进入到前沿.

但是,形势比人强.1939 年 9 月爆发的第二次世界大战,首当其冲的是波兰.战争中波兰数学家死亡殆半,一部分由于流亡国外而能幸存下来.战后里沃夫及维尔诺划归苏联,从此再也没有生气勃勃的共同研究数学的局面了.

6.5 日本的数学

西方近代数学与日本原有的数学(和算)是根本不同的两个体系.日本数学的发展大致可分为四个时期:第一期为中国数学输入的时期(600—1600),这一时期基本上是全部吸收中国古算的时期.中国古算尤其是宋、元数学的输入对于和算的发展有比较大的影响.其后中国数学衰落,同时传入西方数学,日本数学走向独立发展的道路.第二期为和算始兴时期(1600—1750),1600 年,德川在江户(今东京)建立幕府,开始日本的幕府时代(1600—1867).这时,日本开始在中国数学以及传入的少量西方数学基础上开始形成自己的和算体系.这个时期最著名的数学家是关孝和(1642—1708).第三期为和算发达时期(1750—1840),这个时期出现许多数学家对于和算做出重大贡献.尤其是独立做出许多几何方面的贡献.第四期为和算衰落时期(1840—1900),这个阶段由于西方近代数学的输入而导致和算的衰微.

明治维新以后,从上到下进行一系列的改革,采取很多措施"富国强兵",其中特别是:

1868 年 3 月明治新政府五条誓文中写道,要"求知识于世界,大振皇基".在这方面,一反过去闭关锁国的办法,实行全面向西方学习的政策,在政法、理化、陆军、海军、商业、工业等方面莫不采用西方的学术技艺.而在 1871 年 11 月派出政府代表团,出国考察两年,1873 年 5 月到 9 月陆续回国,随即着手全面的体制改革.

1872 年明治政府公布新学制,推行义务教育,执行全盘西化的方针.课本完全仿照西方用算术、代数、几何,排除和算,后来因操之过急,师资出现问题,又加入珠算,从当时来看,还是有很大的实用价值.但是从此西方数学开始占据统治地位.这种措施大大有利于中小学教育的普及,同时也为西方科学技术的引进与发展打下了稳固的基础.

与此同时,日本开始向国外派遣大量留学生并聘用外籍专家.在数学方面,由于大量的留学生学成回国,对于国内数学的教学与研究有极大的影响.

1877 年创立东京大学(后来改名为东京帝国大学),这使日本开始形成近代的大学体系,为日本培养一批又一批的科学技术人才.到 19 世纪末,东京大学物理系的数学课程和德、法等国的数学课程完全没有区别,由于大力学习外语,外国新书也大量引进.

特别是学成回国的留学生发挥了巨大的作用.1877 年东京大学刚成立,由剑桥大学毕业回国的菊池大麓(1855—1917)刚满 22 岁就在东京大学任教,7 年后,他倡导同物理学家、天文学家合作,把东京教学会改造成为东京数学物理学会.1897 年京都帝国大学成立,菊池大麓被任命为校长.后来他又担任东京大学校长及文部大臣,菊池大麓也编写中学几何教科书,除了当时通用的英语教科书外,还开始用日文写教科书,对数学教育有很大影响.菊池大麓虽然有数学才能,在剑桥学习成绩优异,但是没有从事数学研究,不过却对日本数学的引进有巨大贡献.

第二代的代表人物是菊池大麓的学生藤泽利喜太郎(1861—1933),他后来成为菊池大麓的同行及继承人.他在英国及德国留学,在斯特拉斯堡大学以热传导理论论文获得学位,这是日本最早的近代数学论文.1887 年他回国,在教育及统计数学等方面有很大影响.

建立完整的培养数学家的体系,还要从上、中、下三个方面同时进行,在基础方面,建立从小学、中学、高中到大学的完整的教育体系,中学及高中也有迅速的发展,菊池大麓和藤泽利喜太郎都非常关心中小学教育,亲自编写中学课本,研究教学法,这也成为后来数学家的楷模.1877 年创立的东京数学会社,它是日本数学会的前身,推动了日本数学家的交流,同年创办的《东京数学会社杂志》,加速了信息的传播.1879 年东京学士会院成立,它是日本帝国学士院的前身,同年创办了杂志.菊池大麓及藤泽利喜太郎都是最早的"院士",在他们的带动下日本培养了新一代有国际声誉的数学家.

东京帝国大学数学科从 1881 年开始招收学生.1887 年开始只有 100 册书,并且开始订期刊,1897 年有 400～500 册书,包括许多著名数学家全集,1907 年有 800～900 册书.其后逐步充实起来.1884 年到 1897 年 14 年间毕业生只有 15 人,其中 1897 年毕业的三位数学家高木贞治(1875—1960)、林鹤一(1873—1935)和吉江琢儿(1874—1947)对日本数学的发展有重要的影响.1898 年到 1912 年的毕业生有 44 人.发表论文有《东京帝国大学理科大学纪要》等.

日本明治后期,产业振兴,国力增大,更进一步普及教育,学龄儿童的入学率 1890 年已近 50%,而到 1902 年突破 90%,1908 年达 98%.同时中学(初中)教育也逐步正规化,人数也由 1892 年的 1 万 6 千人增长至 1908 年的 11 万 5 千人,这就为培养专门人才奠定了一定的基础.[①]这时高中相当于大学预科.分成三类,理工类的学生在高中读三角、代数、解析几何及微积分.教科书都是译自英、法、德的教科书,质量都很高,而且培养中学教师的高等师范学校的课程包括微分方程、几何基础、非欧几何等高级课程,水平不亚于先进的西欧国家.

20 世纪一系列新的方向出现,如抽象代数、拓扑学、泛函分析.面对这些方向,日本数学家的回答仍然是掌握、研究和普及.爱米·诺特是抽象代数之母,她团结了一大批年轻人,形成格丁根大学最有影响力的学派之一.这些年轻人当中就有日本人.早在 1927 年,正田建次郎(1902—1977)来到格丁根,跟着诺特学习.后来末纲恕一(1898—1970)也来这里学习,他们不仅仅掌握这门新科学,而且在回国以后,立即进行普及.范·德·瓦尔登的《近世代数学》于 1930—1931 年出版,标志着抽象代数学的诞生.这部书也是第一部新型的抽象代数学的著作,这部重要著作很快在日本传开,而正田建次郎用同样精神写的日文书是全世界第二部新型的抽象代数学的著作,这大大有利于代数在日本的普及.后来,日本代数学界不仅人才辈出,而且连分析学家都掌握代数学,像小平邦彦(1915—1997)第一篇论文就是关于抽象

---

① 《日本の数学 100 年史》上册,岩波书店,1983,第 136 页.

代数方面的,虽说这是他唯一一篇代数方面的论文,但抽象代数学无疑对他后来的工作有着巨大的思想影响.这时,许多其他国家也正开始学习抽象代数,因此,其他国家与日本的差距大大缩短了.

拓扑学和泛函分析经过二三十年的发展,到了20世纪30年代也进入成熟时期.日本数学家立即通过学习原著以及留学国外等方式掌握这些新学科,有的人很快就进入研究领域.他们采取种种方式进行合作与交流,还出版了《泛函解析纸上谈话会》之类的小刊物,从而使这些新的基础领域在日本生根.战后许多日本数学家的创造性成果都是与当时这种学习情况分不开的.

到了20世纪30年代,日本逐步军国主义化,在军事生产方面恶性膨胀,而一般的科学研究则存在困难.战争期间,文献资料也很难得到,除德、意法西斯国家外,也缺少交流,而德国的数学自从法西斯上台以后,许多数学家逃离德国或被迫害,也元气大伤.这对于虽有一定基础,但是独创性研究尚不多的日本数学来说是一种打击.尤其到战争后期,日本本土遭到盟军轰炸,大学纷纷迁往农村,而且粮食及物资缺乏,大大影响这段时期数学的发展.不过,即使在这段时期,也产生了一批优秀数学家及许多独创性的成就.

如果说在第二次世界大战之前,日本数学有国际水平的创造成果还是个别数学家的工作,那么在第二次世界大战之后,在数学的主要领域都有日本数学家的重要创造,出现许多具有国际影响的数学家和数学工作,日本成为一个数学大国.

1945年日本战败之后,生活及工作条件极为艰苦,但是有利因素逐步增多,促使日本数学产生飞跃.

由于军国主义倒台,日本在战后开始提倡"科学与民主",科学家从事研究有一定的自由,可以做自己想做的项目.尤其是在美国占领下只能做非军事研究,纯粹数学更有机会得到发展.由于民主化,战前那种论资排辈的家长体制有所变化,年轻人比较容易成长起来.同时,也有利于思想活跃,讨论自由.这时,科学家纷纷组织起来.从全国来说,有"科学促进会",从数学上讲,组织各种各样的讨论班,吸收战后刚刚知道的新的数学知识.

第二次世界大战之后,数学的局面有很大变化,布尔巴基学派用

"结构"观点统一了战前的数学,并且大大推动了代数拓扑学、泛函分析、李群、代数数论、代数几何学等学科的飞跃发展.

日本数学家一开始就抓住代数几何学等关键学科,很快就进入数学的主流,韦伊的名著《代数几何学基础》是经典名著,他们手抄、油印,积极钻研,终于培养出一代新人.

战后日本数学飞跃发展的另外一个主要因素是国际交流.1948年,汤川秀树同角谷静夫赴美,1948年小平邦彦同朝永振一郎赴美,他们在美国当时比较安定的物质和研究环境下,短短几年就成长起来.由于他们先前的基础,加上很好的环境,以及活跃的学术交流,很快就做出震惊世界的成就.1954年,小平邦彦荣获国际数学家大会的菲尔兹奖,为日本数学争得了荣誉.

战后,陆续有许多数学家访问日本,使日本年轻一代有了更好的直接学习的机会,这方面可以说是从1953年薛华荔到日本开始的,他是当代大数学家,布尔巴基学派成员,他在代数数论、代数几何学、群论、李群理论等方面有突出的贡献.他到日本影响了一大批数学家,使得日本在这些领域逐步培养出许多年轻人,他们在这些领域做了杰出的工作.

1955年,在日本日光召开了第一次有重要意义的国际会议——代数数论会议,许多一流数学家参加会议,如阿廷、韦伊、塞尔等人.许多年轻人后来回忆说,他们受到了启发,开始走上研究道路,特别是志村五郎(1930—2019)及谷山丰(1927—1958)很快取得重要结果.不久之后,志村五郎就去了美国.他在代数数论方面取得了重大成就.

日光会议之后,日本数学家同国外的交流越来越密切,他们到国外留学进修,参加学术会议,还多次举行国际会议、双边会议、专题会议.这些会议针对性强,邀请的外国专家都是这方面的最著名的专家,而且每次数量不多,日本方面的参加者也是有基础的,这样一次会议之后,日本的数学家就可以通过密切接触、多次面对面交谈而在业务上大有进展,同时,也使日本的成就得以在全世界传播.如1965年美日微分几何学会议、日苏概率论会议等.1973年的流形会议反映日本在奇点理论方面又取得可观的发展,跨入这个学科的国际先进行列.从国际会议的次数看来,日本学者参与得并不算多,但是,它对日本数学发展的作用却是非常大的.

另外一种重要的活动方式是"请进来",几乎所有当代著名数学家都去过日本,时间长的一年半年,短的一周两周,他们在各处旅行、做报告、座谈,使日本数学界受益很大,这在战前是罕见的,而1955年以后则成为一项经常性的活动.

不过,日本数学还存在一些问题:

现代数学的发展趋势是从合作到集体化.有些重要工作是一批人大协作,有些可以说是一个学派.比如有限单群分类问题的解决.在这种情况下,局外人往往进不了这些人的小圈子,在外面也难以理解这些人的方法与结果.在日本,由于某种制度上的原因,合作很少,更谈不上形成什么有影响力的学派.

日本国内的体制也存在一些问题,因此,人才外流现象严重.日本多数著名数学家往往先在国内做出成绩,然后出国,出国后往往取得更重要的成就,从而巩固了自己在国外的地位.由于国外的研究条件、生活条件、交流等因素比日本国内要好,许多日本数学家长期留在国外,从而削弱了日本国内数学的发展势头.如小平邦彦(已于1967年回国)、广中平祐、志村五郎、小林昭七、加藤敏夫、岩泽健吉、竹内外史、角谷静夫、铃木通夫等人.

由于日本国内体制存在弱点,虽然年轻一代的成长比以前容易多了,但是,在研究、职业等方面仍存在不少问题,各大学基本上由老一代把持,教授名额有限,晋升不太容易,政府经费太少,资本家的支持也不多,因此,日本数学受外界影响很大,自己独创性的东西不是太多.

6.6 印度的数学

印度同中国一样,是有悠久历史传统的国家,在数学方面也不例外.在西方数学输入之后,印度的民族数学也衰落了,成为历史研究的对象.印度经历了长期的殖民统治,但英国殖民者并没有把先进的科学技术输入印度.在教育方面,英国殖民者只对两种人感兴趣:一类是恭顺的政府官员,他们在印度大学受到同培养英国文官一样的偏重古典语文及历史的教育;另一类是技术人员,殖民者为了自己的经济利益,建立了大地测量、地质、植物考察部门及医疗卫生设施及工程学校.直到20世纪20年代,印度的中学和大学里只讲授一些肤浅的科学知识,数学的教本也是相当落后的英国教科书,因此在这种情况下,培养科学家和数学家只有到英国留学.应该说,这个时期是天才时期,就在这种极端落后的背景之下,印度出现了一批有国际声望的科学家,包括诺贝尔奖获得者C. V. 拉曼(C. V. Raman,1888—1970)等.而在数学上出现怪才S. 拉马努詹(S. Ramanujan,1887—1920).拉马努詹自学成才,经哈代帮助到英国进行了一段研究,在数论尤其是整数分析上有很大成就.他以不同寻常的直觉,在笔记本上写下许多猜想及公式,这些公式有的经过学者多年潜心研究得到证实,个别的得到否定,大部分仍未解决.他的思想路线与通常的数学家大不一样.20世纪20年代之后,科学逐步发展起来,也有许多数学家到欧洲大陆学习,并向国内介绍先进的德、法数学.如G. 普拉沙德(G. Prasad,1876—1935)在格丁根学习过,热心传播欧洲成果.其后印度出现了许多出色的数学家,特别是在统计数学方面有P. C. 马哈兰诺比斯(P. C. Mahalanobis,1893—1972)、R. C. 玻色(R. C. Bose,1901—1987)、C. R. 拉奥(C. R. Rao,1920年生)等世界知名的统计大家,尤其是玻色等人在1959年构造出10阶正交拉丁方阵,推翻欧拉猜想,引起了轰动.

1945年理论物理学家H. 巴巴(H. Bbabba,1909—1966)在孟买创建著名的塔塔(Tata)基础理论研究所,许多国外著名的数学家被邀请到这里讲学,他们的讲义也是重要的数学文献,对印度的数学发展起了重要作用,但是印度的物质生活条件、研究条件以及科研体制都不利于科学的发展.数学家之间各自为政,教授与他的学生组成一个圈子,彼此之间很少交流及合作,为了较少学术职称而展开激烈的竞争;学术权威独断专行,阻碍了良好学风的发扬,学术标准与体制也缺乏稳定,加上种种社会弊端,印度的科学很难健康发展.外尔的学生,数学家S. 米纳克什松达兰(S. Minakshisundaram,1913—1968)在普林斯顿取得了自己最好的成就,回国后就一直默默无闻了.真正好的数学家自然要去更适合发挥才能的地方工作,这就造成了印度严重的人才外流,其中大部分去美国,如理论专家哈瑞什-钱达拉(Harish-Chandra,1924—1984).也有人去欧洲,如国际数学联盟前主席钱达拉塞卡汉(K. Chandrasekharan,1920 年生)一直在瑞士任教.由此看来,印度在国内形成较大较强的数学队伍还不太现实,这也可以说明社会各方面条件均不具备,科学教育体制弊端太多.但有一点无可争辩,印度还会不断产生有才能的、富有独创性的数学家.从本章第七节末的统计表来看,印度在西方数学界的地位仅次于美、英、法、德、日本,同意大利、加拿大、澳大利亚、荷兰、以色列地位相当,一般居于前十.这说明印度的数学实力是相当强的.

6.7　中国的数学

中华民族有着悠久的历史传统,早在 5000 年前已有相当发达的文化.中国的数学和希腊的数学(可能还有印度的数学)是世界仅有的独立发展的数学体系.在 14 世纪之前,中国古代数学在世界上无可争辩地居于领先地位,特别是在代数方面长期超过西方.不过从 14 世纪起,数学的发展出现大断裂,明清的专制统治及思想控制极大地扼制数学及科学的创造及研究.明末清初,西方的数学开始引进,中算西算初步结合,但是雍正之后的闭关锁国政策,大大限制了 17 世纪西方近代数学的输入,中国数学的复兴举步维艰.鸦片战争之后,中国沦为半封建半殖民地社会,救亡图存是当务之急;加上反动官僚极端仇视先进科学技术,清廷的愚民政策更使得西方数学的输入极其缓慢,中国在数学上大大落后于日本.一直到 20 世纪初中国才开始有真正较大规模的西方数学的引进.从这时起,中国数学的发展经历了五代人的努力.

第一代人为中国引进近代数学打下了基础.他们开创了大学数学系,开设各种课程为培养数学人才做出了贡献,有些人翻译与编写了数学讲义、教材乃至专著,对于西方数学在我国土地上生根具有重大意义.虽然任何学科刚刚引进时,相关研究工作不算重要甚至根本没有,但是没有适合的环境和土壤,任何树木都是生长不起来的.正是由于开创者的惨淡经营,才能有数学的今天.

最著名的大学数学系是北京大学(1912 年由京师大学堂改名)的数学系,当时称为数学门.1917 年蔡元培任校长时,已开设"近代的"课程,如代数、分析、几何等,执教的有秦汾、冯祖荀、王仁辅等,其后留美回国的郑元蕃(陈省身的岳父,1887—1963)到清华大学任教并筹备数学系,胡明复(1891—1927)及胡敦复(1896—1979)在上海办大同大学,姜立夫(1890—1978)于1920年创建南开大学数学系,长期以来一人开设各种主要课程,培养了大批人才. 1921年留学比利时、法国的熊庆来(1893—1969)回国创办东南大学,1926年担任新建的清华大学算学系主任. 不久,孙光远、杨武之等也到清华大学任教,由此,清华大学成为中华人民共和国成立前培养数学人才的最重要的基地. 1930年起开办研究院. 到20世纪30年代中期,国内高等数学教育已初具规模.

在数学发展的初期,数学著作的翻译及普及对数学教育的开展起了重要作用. 在这方面应该提到吴在渊(1884—1935)、何鲁(1894—1973)、傅种孙(1898—1962)、陈荩民(1895—1981)等老前辈. 还应指出,许多现代学科如集合论、抽象代数学、拓扑学等是由前人辛勤翻译介绍到中国的,不过长期以来中国数学界对翻译介绍国外名著不是很重视,翻译工作落后于其他国家,这也影响了中国数学思想水平的提高.

第二代人是留学回国人员开始进行系统的教学与科研工作. 中国的数学在20世纪20年代到30年代开始发展起来. 他们中有留学日本的陈建功(1893—1971)和苏步青(1902—2002). 陈建功曾三次东渡日本学习,1921年他在日本《东北数学杂志》上发表的论文,是中国学者在国外期刊上发表的学术论文最早的一篇. 1930年他在日本岩波书店出版的专著《三角级数论》也是世界领先的. 1929年他回国以后长期在浙江大学任教授,在科研与教学两方面都取得了杰出的成就,科研方面以三角级数及复变函数论的成果最为突出. 苏步青在长期的教学生涯中培养起一代又一代的学生. 早期的学生有王福春及曾炯之,后期的学生有程民德、夏道行等人. 他还写普及性文章,为数学在国内传播做出了很大贡献. 苏步青1931年在日本获理学博士后回国,长期执教于浙大,在微分几何学的研究上做出许多贡献. 同陈建功一样,他也是桃李满天下,他的学生有张素诚、杨忠道、熊全治、白正国、谷超豪、胡和生等. 中华人民共和国成立后,陈建功、苏步青都在复旦大学培养许多后起之秀,对中国的数学发展起着积极的推动作用.

到 20 世纪 30 年代中期,中国已有 20 多所大学创办了数学系,培养数学人才的事业初具规模.1935 年 7 月中国数学会正式成立,并创办《数学杂志》及《数学学报》,推动数学研究及普及工作,同时组建数学名词审定委员会,着手统一数学译名.这时,一些外国学者来华讲学也对中国数学起了一定的推动作用.其中有汉堡大学教授 W. 布拉什凯(W. Blaschke,1885—1962)、E. 斯派纳(E. Sperner,1905—1980)、伯克霍夫、W. F. 奥斯古德(W. F. Osgood,1864—1943)、维纳及阿达马等.这个时期,李俨(1892—1963)及钱宝琮(1892—1974)等对中国数学史进行了系统研究,为近代中国数学史的研究打下坚实的基础.

第三代人是在抗日战争及解放战争时期,对中国数学做出有世界水平的贡献的数学家.在 20 世纪四五十年代,他们成为中国乃至世界数学界的领袖人物.在中国当时的艰苦条件下,他们把中国数学引领至当时国际数学的前沿.

陈省身(1911—2004)从德国、法国回来后任教于西南联大,在这期间得出微分几何上突破性的结果——一般高斯-邦内公式以及现在无处不在的陈示性类.而且在 1946 年建立的中央研究院中组织讨论班,把当时国际上数学的热点——拓扑学再一次引进,培养了一批杰出的中国数学家,如吴文俊、廖山涛等.

华罗庚(1910—1985)在当时极端艰苦的条件下自学成才,经熊庆来的提携,得以踏进清华大学的数学殿堂,并有机会留学英伦,直接接触当时的数学前沿,这使他的创造力一发而不可收.他不仅在解析数论上有突出贡献,而且于 1938 年在昆明西南联大组织"群论讨论班",正式把现代数学的另一翼——抽象代数学引进中国.中华人民共和国成立后,华罗庚从美国返回中国,为中国培养一代又一代青年数学家,他们继承了华罗庚不同的研究方向,数论方面有越民义、王元、吴方、陈景润等,代数方面有万哲先、严士健等,多复变函数论有陆启铿、龚升、钟家庆等,他们又带出一大批学生.华罗庚在应用数学及其普及方面也做出了值得称道的贡献.

许宝騄(1910—1970)是中国第一位达到世界水平的统计学家.1936 年赴英国留学,1940 年回国任教.1938 年到 1945 年在极为孤立的条件下得出一系列出色的结果.他运用矩阵的技巧使代数学家也为之叹服.中华人民共和国成立后,他在病魔缠身的情况下培养了年青一代统计学家,为这个极其重要的方向在中国生根打下坚实的基础.

比上面三位稍年轻的数学家,有些是他们的同辈,有些是他们的学生辈,在中华人民共和国成立前也陆续做出了杰出的贡献.如段学复(1914—2004)师从布劳尔,在有限群论及同薛华荔在代数群方面的研究都做出了贡献.王湘浩(1915—1993)指出 H.格林瓦德(H.Grunwald)定理证明中的错误并加以修正.严志达(1917—1999)在李群李代数方面的工作,特别是例外群的贝蒂数为国际称道.王宪钟(1918—1978)在几何拓扑方面有着极为杰出的工作.樊㽛(1914—2010)在泛函分析、钟开莱在概率论、王浩(1921—1995)在数理逻辑方面也都有杰出成就.

在 20 世纪 30 年代已经做出享誉国际的成就的应该提到曾炯之(1898—1940),他是 E.诺特的学生,1936 年引进 C_i 域的概念,证明了曾炯之定理,这应该是最早的以中国人命名的大定理.另外一位是周炜良(1911—1995),20 世纪 30 年代留学德国,在代数几何学得出周环、周坐标等重要概念及结果.

这一代人中最年轻的是吴文俊,他早期毕业于上海交通大学,大学时喜读朱言钧(1902—1961)的著作,颇受影响,毕业后执教于中学,在抗日战争时期的艰苦条件下,独立钻研数学,抗战胜利后,在陈省身的帮助下,得以到中央研究院工作,参加陈省身的讨论班,从此在最新拓扑学领域中发挥其创造性,很快证明惠特尼的丛乘积定理.1947 年 11 月去法国留学,师从 C.埃瑞斯曼(C.Ehresmann,1905—1979)并受到 H.卡当(H.Cartan,1904—2008)的影响.在当时,法国拓扑学正处于鼎盛时期,吴文俊在法国期间做出一系列贡献.1951 年回国以后,先去北京大学任教,1952 年到数学所工作.他在钻研中国数学史的启发之下,研究方向向机械化证明急剧转变,由此开始了他重振中国古算、开展机械化数学研究,形成有中国特色的数学的伟大事业.

1949 年中华人民共和国成立,标志着中国数学进入一个崭新的时期.系统地建立了综合大学、师范大学及师范学院、工科和其他科大学的数学系及数学专业,开设了新的数学课程.研究生制度的建立,为数学人才的培养奠定了基础.中国科学院数学研究所的建立(1950年起筹备,1952年7月成立),以及高校数学研究的开展,大大推动了研究工作的发展.在这个阶段,中国数学界同西方数学界的联系几乎完全中断.十多年里,中国数学界的国际联系主要是同苏联、东欧等进行交流.除了派遣留学生外,老一辈数学家陈建功、华罗庚、苏步青、关肇直等人组团去苏联考察,学习苏联先进经验,对仿照苏联建立社会主义科研及教学体制起了一定的作用.

以"文化大革命"为界,中华人民共和国成立17年来成长起来的数学工作者可以说是中国第四代人,而"文化大革命"以后培养出来的大批人才则是第五代.

第四代数学工作者可以划分为两类:一类是留学苏联、波兰、民主德国等国的留学生,另一类是国内培养的学生及研究生.不管怎样,20世纪50年代学习苏联的影响随处可见.将苏联的一套教学、科研体制搬到中国对中国的数学有一定影响,因为贯彻下去总是可以保证出成果、出人才的.另外,第二代、第三代中国数学家、留学人员在中华人民共和国成立后大大填补了中国数学的许多空白,这无疑对中国摆脱过去那种依附性、枝节性的数学具有决定性的作用.在这方面建立起的新学科教学科研体系有:

(1)泛函分析

关肇直(1919—1982)、田方增(1915—2018)、冯康(1920—1993).

系统的综合报告、教学科研工作以及同苏联、波兰专家的交流起了决定性作用.

(2)微分方程

阿达马(1865—1963)、苏联专家的帮助、吴新谋(1909—1989)等的教学及组织工作以及周毓麟、孙和生、谷超豪等从苏联学成回国,都促进了偏微分方程理论在中国生根.秦元勋、叶彦谦等在常微分方程的科研教学及组织方面也做了大量工作.

(3)概率、统计

除了许宝騄的早期工作外,还有留学苏联的王梓坤、江泽培及王寿仁、张里千等人的工作.

(4)计算数学

早期有赵访熊的工作,后有关肇直、冯康带领学生从事工作.冯康在有限元法等方面有着开创性的贡献.

这四大数学领域在中华人民共和国成立前极为薄弱,甚至完全是空白,同时又是苏联、波兰等国的强点.20世纪50年代的国内社会条件大大有助于这些数学领域在中国的发展,特别是1958年以后中国独立发展现代国防,这些数学领域都派上了用场,反过来也推动了这些数学领域的学科的教学及科研工作.

1958年开始的"大跃进"及其后"三年困难时期"和社会主义教育运动对于正常的教学、科研秩序有相当大的影响.一方面,纯粹数学受到冲击,部分人员改行;另一方面,也推动了诸多应用数学领域的建立与发展,特别是运筹学.这时由于中苏关系恶化,对苏联的学习日趋减少,当时倾向于建立中国自己独立的教学、科研体系,直到"文化大革命"前,也未能如愿.1958年到1966年,第二代、第三代和第四代数学家,仍有相当数量的论文发表(1000篇左右),有些质量也相当高.

除了《中国科学》《科学记录》有英文版外,美国数学会还将1960到1965年的《数学学报》译成英文,反映出中国数学受到国际数学界的重视.中国数学家在解析数论、典型群、拓扑学、几何学、函数论、微分方程等领域继续做出自己的贡献.同时吴文俊在代数几何学、廖山涛在动力系统理论方面的研究开始与国际上的研究平行,只是由于当时中国的数学处于完全封闭的状态,国际交流几乎全部停顿,再加上其后的十年浩劫,使中国的数学成就大打折扣,即使这样,他们的成就也足以反映出中国数学家的智慧及独创精神.

1971年美中关系的转机带来国际的交流.从这时起,华裔数学家如陈省身、王宪钟、钟开莱等以及美国数学家大批来华,为国内数学家打开一扇窗户.国内数学家的工作也逐步恢复.1972年起,少量的学术期刊也恢复出版,开始登载论文,在这较为动荡的环境中开展了一定的工作.同时学习马克思的《数学手稿》以及中国数学史,对数学界思想有新的启示,但在当时的背景下,大量荒谬的"大批判"文章大大扰乱了人们的思想,极大地破坏了正常的教学科研体制.

从1972年起,一些西方数学家来华访问,来华的美国数学家有D. C. 斯宾塞(D. C. Spencer,1912—2001),F. 彼得森(F. Peterson,1930—2000),W. 布劳德尔(W. Browder,1934年生)[他是美共前总书记白劳德的儿子,他的哥哥费列克斯·布劳德尔(Felix Browder,1928—)也是著名数学家],G. D. 莫斯托夫(G. D. Mostow,1923年生)等人以及法国著名数学家托姆等人. 1976年5月,美国数学家代表团来华,系统地了解中国当时的数学现状,并进行交流. 其中包括美国数学界的头面人物麦克莱恩,还有费特、E. 布朗(E. Brown,1926年生)、J. J. 康恩(J. J. Kohn,1932年生)、V. 克利(V. Klee,1925—2007)等杰出的理论数学家以及波拉克和H. 凯勒(H. Keller,1928年生)等应用数学家,他们对中国数学做了详细的报道. 国外数学家的来华,为中国恢复中断了20多年同西方数学界的联系迈出了第一步.

十一届三中全会以后,中国迎来了科学的春天,这也是数学的春天. 当社会条件有利于科学发展时,起步较快和发展较迅速的首推数学,因为它不需要花很大力量及很多时间去研究基建、设备、组织. 近几十年来,老数学家和20世纪80年代成长起来的第五代数学家把中国的数学推上一个新的台阶. 其社会因素有:

(1)建立比较完备的教学、科研体制. 1977年恢复高考,大学生得到正规的数学训练. 1978年恢复硕士研究生制度并建立博士研究生制度,从制度上保证数学优秀人才源源不断地供给. 第一批国内培养的博士,大部分是数学专业的.

(2)留学生及出国访问使国内学者直接接触国外先进研究工作,提高了国内教学及科研水平,填补了过去的空白.

(3)旺盛的国际交流给予数学研究新的推动力. 1977年以来,每年都有大量数学家来华访问,其中包括许多当代第一流的数学大师,如阿提雅、鲍特、斯梅尔等. 许多华裔数学家为中国学者系统地开设讲座及做系列报告,对中国数学的帮助更大. 其中特别应该提到陈省身、项武忠、项武义、丘成桐、郑绍远、肖荫堂、伍鸿熙、王浩等人的活动,他们多次来华，对中国数学发展的确做出了实实在在的贡献．在陈省身的大力组织下，从 1980 年开始的"双微会议"，共举行六届，有很大的国际影响．1985 年在南开成立新的数学研究所，更使我国数学研究走向一个新的阶段．

(4) 国内数学会议及数学期刊大量出现．1978 年前，国内数学会议极为罕见，其后分支的专业会议大量增加，每年达 20～30 次．数学会议对促进交流、培养青年学生具有重大作用．

国内可发表数学论文的刊物已超过 150 种，普及性刊物也有几十种之多，据美国数学会报告，《数学评论》评的中国数学刊物已超过 100 种，《数学评论》评论的中国数学家论文几乎每页都有，看来中国学者发表的论文数量已经居世界前列．

由于近几十年社会条件的改善，中国数学的确有相当大的提高：

(1) 中国数学会会员人数已超过 2 万人，在世界上可以说首屈一指，发表的数学论著也相当多．

(2) 中国数学填补了以前许多空白.

近年来，中国开始对西方数学较为先进的数学分支也即当前的主流数学进行填补空白的工作，其中包括代数数论、代数几何学、大范围微分几何学、大范围分析（特别是动力系统）、非线性泛函分析、算子代数等．

(3) 中国数学开始进入国际社会．

1986 年中国数学会正式被接纳为国际数学联盟成员，与美、苏、英、法、联邦德国、日本等同居一等．中国数学家在国际数学家大会上被邀请做分组报告，1983 年有冯康，1986 年有吴文俊（做中国数学史的报告），1990 年有林芳华及田刚．林芳华和田刚均是第五代的年轻数学家．1994 年有张恭庆和马志明．而最重要的事件则是 2002 年在北京举办国际数学家大会．中国数学家受聘在国外任教的也有不少，如夏道行等，至于短期访问就更多了．

(4) 中国数学后继有人.

20 世纪 80 年代美国、法国等国家发表调查报告，估计 2000 年左右数学人才缺口很大．近年来，美国每年授予数学方面的博士学位人数下降,而且非白人以及外国人占相当大的比例(超过 1/3). 相反,中国人口基数大,数学基础好,年轻人有不少在数学方面智力超群,国际中学数学奥林匹克 1989 年、1990 年中国学生两度获团体总分第一而且遥遥领先. 因此只要社会条件良好及稳定,中国在 21 世纪成为名副其实的数学大国是不成问题的.

为了对各国数学发展的现状有一个数量概念,我们引用一项科学的研究,这是依据在 1981 年至 1985 年五年间在西方主要数学期刊上各国数学家发表论文的数量、百分比及被引用数的百分比. 首先必须指出,其中没有包含苏联期刊及中国期刊. 因此显然有很大偏差,但是对西方国家状况的了解还是有一定参考价值的.[1]

计数分数学(主要是纯粹数学)、应用数学(包括许多计算数学)、运筹学及管理科学、统计及概率四部分进行.

数学文献是从 67 种期刊选入 49264 篇论文(相当于这时期文献总量的 1/4 到 1/3,而且是最重要的一部分):各国排列的顺序,首先是美国 20317 篇,占 41.24%,其次是英国、联邦德国及法国,各占 6%~7%,第五位是加拿大,第六位是日本,占 5%略多,第七位是印度,占 3%略多,第八、九、十位为澳大利亚、苏联及意大利,各占 2%左右. 这十国的数学家发表占总数 80%以上的论文,其他如波兰居第十三位(占 1.23%),中国大陆居第二十二位(0.63%),中国台湾居第二十九位(0.39%),中国香港居第三十六位(0.20%),新加坡居第四十一位(0.14%). 除前 45 个国家及地区外,其他 48 个国家一共占 1%.

同样,应用数学共统计 9327 篇文献,美国第一,占一半左右. 其他依序是英国、加拿大、德国、法国、日本、意大利、以色列、荷兰、澳大利亚. 印度居第十一位,波兰居第十四位,中国居第十九位,苏联居第二十三位.

运筹学及管理科学共统计 4027 篇论文,前 10 名是:美国、英国、加拿大、日本、印度、以色列、德国、挪威、法国、意大利. 波兰第十三名,中国、苏联未列名次.

---

[1] *Scientometrics*,16(1989),328-331.

统计及概率共统计7711篇论文,前十名是美国、英国、加拿大、澳大利亚、日本、德国、印度、法国、荷兰及以色列.中、苏未列名次.

近年来,中国已成为名副其实的数学大国,发表论文的数量在世界上已经数一数二.但质量方面仍有待提高.

结束语

本书只是对于人们很少涉及的主题——数学与社会的关系做了初步的探讨,如果说有什么新观点的话,我想有两点是应该强调的:

(1)数学有着巨大的潜力.数学家与社会均应着眼于开发这种潜力,一旦这种潜力得以开发出来,会形成巨大的物质力量及精神力量.

(2)一个国家,特别是中国,要想成为一个名副其实的数学大国,必须具备必要的社会条件,有健全的科学政策,否则最多只能是形式上的数学大国,这样的数学对一个大国的国计民生没太多的好处.

下面再详细地谈一下:

(1)数学的潜力

虽然有许多数学家和普通人认为数学没什么用,大多数人从自己对数学的理解出发,总会觉得数学有点用,而实际上除了最简单的算术之外,又感觉不到自己在什么地方需要用到数学.数学家所研究的从一般人还能明白的哥德巴赫猜想、四色问题,到实在莫名其妙、不知所云的拓扑、泛函、群、环、域、范畴、函子、同调、同伦、纤维丛、流形、层等,这些究竟与社会实际有什么关系? 不仅这些,就连中学的代数、几何、三角又同日常生活和工作有什么关系? 说实在的,即使有点关系也太可怜了.比起政治、语文来差得多,甚至同物理、化学、历史、地理比也逊色不少,不过就是单为应付考试,也得学.这自然产生如何认识数学、如何认识数学的作用的问题.关键的一点在于学数学并不是死记硬背一大堆知识,而是掌握一些思想方法和一些基本观念和技术,利用这些再发挥创造性能力去解决面临的各种问题.数学教会人许多东西:如何把复杂的事物分解成简单的,如何把难于解决的问题变换成能够处理的,如何建立起模型来逼近纷乱的问题,如何在无法处理的时候退一步或进一步去设想,如何在正面想不通时从反面想等.数学中也有许多诸如库仑定律、欧姆定律那样适用于一定场合及范围的定理及公式,但这不是主要的.学好数学的目的就在于发挥创造性,而这种创造性的发挥不像具体科学那样受到对象的限制,只要活学活用总可以增进认识,使科学、技术乃至思想、观念得到进步和发展.一位好的数学家过去是好的科学家,现在也能是好的科学家.第二次世界大战以后,电子计算机、控制论、信息论、运筹学(管理科学)、系统分析、最优控制乃至孤立子、突变论、动力系统、混沌理论、分维理论等,无不是当代最优秀数学家研究出来的,连原子弹和氢弹的研制,也离不开优秀数学家的贡献.当然,大多数数学家专业过于专门或者兴趣过于狭窄,对实际问题不感兴趣,自然无法对社会实际问题有切实的贡献,但只要社会条件允许,许多实际问题是可以通过数学的协助而逐步得到解决的.而只有社会对数学这种潜在的资源有所认识,才能动员社会力量开发这种资源.美国及苏联曾一度在这方面走在前面,成就非常高.特别是美国,许多思想库的成员是数学家,在复杂系统的研究中发挥了重要作用.有些国家如法国深受布尔巴基学派"为数学而数学"的影响,理论脱离实际,也使数学潜力不易发挥.至于许多不发达国家,数学水平及科技、经济水平都很低,就很难发挥数学潜力了.尽管如此,作为一种最便宜的资源,数学还是能帮助人们解决不少问题的.单是运用统计学、运筹学、系统分析就能解决不少问题.但是社会不理解数学,不但不能够成为推动数学发展及应用的动力,反而会成为绊脚石,这实际上也是一种资源的浪费.

(2)数学大国的形成

任何国家和地区,数学的发展大致可分为三个阶段:精英化阶段,职业化阶段,大众化阶段.随着数学的发展,社会化的程度越来越高,每门学科的进展也大同小异,一般总是少数精英数学家在前人零碎工作的基础上取得重大突破,奠定一门学科的基础.当这门学科产生社会影响或效益时,社会就会有一批专业的职业数学家全力发展这门学科.随着社会进步及数学家社会内部机制的完善,越来越多的数学家进入同一工作领域,更加推动这些学科的大发展.对于不同国家及地区,或者是不同学科,这三个阶段开始以及经历的时间也是不同的:法国数学在拿破仑时代(19世纪初)就开始进入职业化阶段,德国在19世纪50年代才开始,这时柏林大学、格丁根大学及其他大学开始有大规模的系统的培养数学家的计划,职业数学家的生活道路相当稳定地持续着,一直到希特勒上台.英国数学一直至19世纪末才职业化.在19世纪以数学为职业者还不多见,如凯莱及西尔维斯特在很长一段时间里是靠从事法律职业为生,而哈密顿则是自有家产,无须出外挣钱.意大利、俄国及美国的情况也大约是这样.这些国家大多在第二次世界大战之后进入大众化数学阶段.当然这一阶段也出现了许多杰出的精英数学家,但是他们的伟大程度已不可能同高斯、黎曼、庞加莱、希尔伯特乃至 É.J. 嘉当、外尔、冯·诺伊曼等相提并论了.在大众化数学阶段,数学家几乎是一个模子刻出来的,他们具有大致相同的发展道路,接受大致相同的教育及培养,有大致相同的工作和交流,在生活条件接近的社会中,他们的差距也不会特别悬殊.当然,由于个人智力及努力不同,特别是社会智力环境及社会环境(包括经济发展与科技政策)等的差别,人与人、国与国之间数学水平的差异仍然相当显著,因此,对于一个经济和科技落后的国家,社会必须做出巨大努力以达到世界先进水平.

从各国发展数学的经验及教训来看,要想发展数学,必要的社会条件是:

(1)有完整、系统、连续、健全、稳定的普通教育体系.

这是长期性、积累性的工作,不是一朝一夕的事.任何国家在赶超阶段,都得在教育上狠下功夫,没有全民文化素质的提高,少数尖子难以产生出来,即便出现像高斯、É.J. 嘉当那样的人,也难以崭露头角.日本、苏联、德国都经历过这个阶段,他们的入学率均接近100%.只有在这种条件下,才有可能谈提高.重视教育,不仅要尊师重道,还要系统地提高教师的素质.如果教师本人就对数学不感兴趣,对数学缺乏理解,怎么能指望他教好学生?教师应该有进修的机会,应该鼓励数学教育及数学教学法的研究.在德国大学的数学系中均有数学教学法的教授席位、课程及讨论班,他们虽有很好的数学家队伍,但并没有忽视教育质量.现在流行的数学过早的专业化及专钻难题,对一个人特别是对一位非职业数学家并不是一件好事.

(2) 注意各层次数学的传播

任何一个数学先进的国家不是只有两头数学传播媒介,一头是极少数人才懂的专门论文,一头是专给青少年为升学做准备的"题海".除此之外,中间层次的大、中学生阅读的课外读物,为了提高中学教师教学水平的读物,为了专业数学家了解数学、了解更广泛领域的读物、优秀的综合报告、进展简介以及数学史、数学家传记、数学方法论、数学哲学等方面不同层次、不同水平的著作,特别是国外许多大数学家的真正深入浅出的、雅俗共赏的读物的介绍和翻译,这些都是非常有价值的工作.有许多数学家都是靠读这些书成长起来的,特别像匈牙利、挪威、芬兰等国的数学家.许多落后国家开始起步也得力于这些书刊的介绍,如拉美的墨西哥、巴西等国.

(3) 有鼓励数学发展及应用的体制

虽然数学本身可以提供许多理论问题进行研究,但数学最丰富的源泉还是客观实际.任何一个数学大国都有一支高水平的应用数学队伍以解决发展过程中遇到的一系列复杂的问题.这样一支队伍是任何其他东西无法替代的.一个国家应该有适当的组织,使理论数学、应用数学、计算数学以及计算机科学与各门科学技术联系在一起.同时还应有一定的调研机构,以对数学发展的历史、现况进行梳理,对未来进行预测并制定相应的政策.美国、法国等都已有多次报告发表,对数学在未来的作用以及国家对未来数学的发展趋势都有清醒的预测.美国从20世纪80年代以来,数学的学生人数呈下降趋势,应当得到注意.显然他们绝对不以自己在某一问题上保持世界领先地位为满足,他们真正认识到数学的潜力,积极扩大数学的应用范围,发挥数学的作用.这样,他们才能继续保持数学大国的优势.相反,盲目乐观、形式主义、急功近利、无所作为,就很难为数学的发展及应用提供更好的社会条件,甚至会形成阻力.

(4) 克服数学家集体带来的一些弊病

当前,数学发展已到大众化阶段,数学家的数量及文献量均成倍增长,作者数量大大高于读者数量,加上专门化的影响,数学家之间、数学家与社会之间的交流反而不如以前了. 19 世纪以前,甚至第二次世界大战前,许多数学家,特别是优秀数学家,通晓许多数学部门,知道它们的主要问题及主要进展状况.现在的数学家基本上不太读其他专业的论文了.现在当然有比较先进的交流方式,不过多限于自己狭窄的专门化范围.过去少数伟大的数学家决定数学主流的情况不难见到,他们几篇、十几篇论文为数学的发展开创了局面.而今数学论著大量出版,却很少感到其存在的分量,其学术价值及社会效益都大大不如以前了. 1990 年菲尔兹奖评选时,再也找不到 1986 年那样的杰出候选者了.思想深刻而广博的数学家越来越少见了.这种情况对于数学的发展是不利的,对于社会理解数学也是不利的.数学似乎应该增加自己的透明度,数学家也应该减少自己的神秘感.数学应该联系实际,应该有社会效益,即使是纯粹数学,也应该是研究主流的数学——与科学方方面面有关联的数学,而不是热衷于孤立的、枝枝节节的小问题.数学论著出版应该像高斯那样"少而精",应该让人明白,至少能让隔行的人明白,真正深刻的东西并不是烦琐无聊的东西,而是简单明快的论著.

(5) 发挥自己的优势

中国人口占世界人口的 21.5%,中华民族是智慧的民族,尤其在数学方面有突出的成就.近几届数学奥林匹克竞赛说明了这点,许多华裔数学家受到国际上的重视也说明这点.吴文俊在机械化证明方面走出自己的道路,真正有自己的独创,在国际上居领先地位,这些优势我们应该发挥.数学不需要尖端设备,不需要大量投资,只需要人的智慧,人的组织与人的献身精神.社会条件跟上去,中国数学称雄于世将指日可待.

近年来,思想博大精深、具有前瞻性眼光的大数学家仍然影响当代数学的发展.例如,出生于苏联的数学家 M.格洛莫夫(M. Gromov,1943 年生)、法国数学家 A.康耐(A. Connes,1947 年生)、英国数学家 W.T.高尔斯(W. T. Gowers,1963 年生)和华裔数学家陶哲轩(Terence Tao,1975 年生),他们不仅是解决大问题的高手,而且能从哲学的高度对数学进行全面的透视.有了他们,数学必将继续辉煌.

人名中外文对照表

阿贝尔/N. H. Abel
阿达马/J. Hadamard
阿尔贝蒂/L. B. Alberti
阿尔福斯/L. Ahlfors
阿尔蒙德/G. A. Almond
阿诺德/В. И. Арнольв
阿沛尔/P. E. Appell
阿希泽尔/Н. И. Ахиезер
埃贝哈德/V. Eberhard
埃尔德什/P. Erdös
埃尔米特/C. Hermite
埃瑞斯曼/C. Ehresmann
埃文斯/G. C. Evans
艾尔/A. J. Ayer
爱森斯坦/G. Eisenstein
奥尔/O. Ore
奥尔贝斯/H. W. M. Olbers
奥尔立奇/W. Orlicz
奥铿/L. Oken
奥斯特洛格拉德斯基/
　　M. B. Остроградский
奥斯古德/W. F. Osgood
巴巴/H. Bbabba
巴罗/J. Barrow
巴拿赫/S. Banach
巴夏利埃/L. Bachelier

拜尔/R. Baire
班勒卫/P. Painlevé
包克斯/G. E. P. Box
保莱尔/A. Borel
保莱尔/E. Borel
鲍特/R. Bott
贝蒂/E. Betti
贝尔斯/Bers
贝尔特拉米/E. Beltrami
贝克莱/G. Berkeley
贝克隆/A. V. Bäcklund
贝利/E. Baily
贝特/H. Bethe
贝特朗/J. L. F. Bertrand
比勒巴赫/L. Bieberbach
彼得洛夫斯基/
　　И. Р. Петровский
彼得森/F. Peterson
俾斯麦/O. Bismarck
毕卡/E. Picard
边沁/J. Bentham
别斯考维奇/A. S. Besicovitch
波尔察诺/B. Bolzano
波尔苏克/K. Borsuk
波拉克/H. Pollak
波普尔/K. Popper

玻尔茨曼/L. Boltzmann
玻色/R. C. Bose
伯努利(弟)/Johann Bernoulli
伯努利(兄)/Jacob Bernoulli
泊松/S. D. Poisson
博雷利/G. A. Borelli
布茨/P. L. Butzer
布克哈特/H. Burkhardt
布拉什凯/W. Blaschke
布朗/E. Brown
布朗/R. Brown
布劳德尔/W. Browder
布劳尔/Richard Brauer
布劳格/N. E. Borlaug
布廖斯奇/F. Brioschi
布龙克尔/W. Brouncker
布降恩/H. Brunn
查瑞斯基/O. Zariski
车仑豪斯/
　　E. W. von Tschirnhausen
错玉顿/H. G. Zeuthen
达·芬奇/Leonardo da Vinci
达尔文/G. H. Darwin
戴德金/J. Dedekind
戴维/E. David
德·布兰吉斯/L. de Branges

德·摩根/A. de. Morgan	弗里希/R. Frisch	海曼/W. K. Hayman
德·莫伏瓦/A. de. Moivre	弗洛宾尼乌斯/G. Frobenius	亥维赛德/O. Heaviside
德莱福斯/A. Dreyfus	弗瑞格/G. Frege	豪斯道夫/F. Hausdorff
德萨格/G. Desargues	弗瑞歇/M. Frechet	郝伯孙/E. W. Hobson
德沙列/C. F. M. Deschales	弗赛斯/A. R. Forsyth	浩治/W. V. D. Hodge
邓金/Е. В. Дынкин	福尔斯/Cyrit Falls	赫尔巴特/J. F. Herbart
狄尔泰/W. Dilthey	福明/С. В. Фомин	赫兹/H. Hertz
狄拉克/P. A. M. Dirac	傅里叶/J. Fourier	黑格尔/G. W. F. Hegel
狄利克雷/P. Dirichlet	富克斯/T. L. Fuchs	亨泽尔/K. Hensel
迪尼/U. Dini	富兰克林/B. Franklin	洪堡/W. Humboldt
丢东涅/J. Dieudonne	伽罗瓦/G. Galois	胡尔维茨/A. Hurwitz
丢勒/A. Dürer	伽图/R. Gâteaux	华生/J. Watson
杜拉克/M. H. Dulac	盖尔范德/И. М. Гелъфанд	怀特海/A. N. Whitehead
多马/E. D. E. Domar	盖尔曼/M. Gell-Mann	霍布斯/T. Hobbes
多伊奇/K. Deutsch	高尔丹/P. Gordan	吉布斯/J. W. Gibbs
厄布朗/J. Herbrand	高尔斯/W. T. Gowers	嘉当/É. J. Cartan
恩格尔/F. Engel	高斯/C. F. Gauss	嘉当/H. Cartan
法拉第/M. Faraday	戈贝尔/A. Göpel	杰方斯/W. S. Jevons
范因/H. B. Fine	哥尔顿/F. Galton	杰弗逊/T. Jefferson
菲尔兹/J. C. Fields	哥美瑞/R. Gomory	杰克逊/D. Jackson
腓特烈二世/Friedrich	格拉汉/R. L. Graham	卡恩/H. Kahn
费弗曼/C. Fefferman	格兰热/C. W. J. Granger	卡尔达诺/G. Cardano
费列克斯·布劳德尔/ Felix Browder	格雷高里/J. Gregory	卡尔纳普/R. Carnap
	格林瓦德/H. Grunwald	卡瓦利埃利/B. Cavalieri
费洛/S. Ferro	格罗滕迪克/A. Grothendick	卡西勒/E. Cassirer
费舍尔/Irving Fisher	格洛莫夫/M. Gromov	卡西尼/G. D. Cassini
费舍尔/R. A. Fisher	古尔诺/A. Cournot	卡兹/M. Kac
费特/W. Feit	古尔萨/E. Goursat	凯恩斯/J. Keynes
费希特/J. G. Fichte	广中平祐/H. Hironaka	凯尔/James Keill
费耶尔/L. Fejer	哈代/G. H. Hardy	凯尔德隆/A. P. Calderon
芬斯拉/P. Finsler	哈尔莫斯/P. Halmos	凯尔迪什/M. B. Кельдыш
冯·卡门/Th. von Karman	哈兰诺比斯/P. C. Mahalanobis	凯勒/H. Keller
冯·诺伊曼/J. von Neumann	哈雷/E. Halley	凯特莱/L. A. J. Quetelet
弗兰西斯·培根/Francis Bacon	哈罗德/R. F. Harrod	康德/I. Kant
弗里德曼/M. Friedman	哈特/A. S. Hart	康德拉节耶夫/

Н. Д. Кондратиев

康定斯基/W. Kandinsky

康恩/J. J. Kohn

康耐/A. Connes

康托尔/G. Cantor

柯尔莫戈洛夫/
　　　А. Н. Колмогоров

柯尼什伯格/L. Königsberger

柯西/A. L. Cauchy

科恩/I. B. Cohen

科恩/P. Cohen

科尔/F. N. Cole

克拉福德/Crafoord

克拉姆/H. Cramer

克莱布什/A. Clebsch

克莱洛/A. C. Clairaut

克莱因/F. Klein

克莱因/L. R. Klein

克莱因/М. Г. Крейн

克雷尔/A. L. Crelle

克里克/F. Crick

克里孟那/A. Cremona

克里斯托费尔/E. B. Christoffel

克利/V. Klee

克鲁尔/W. Krull

克罗内克/L. Kronecker

克内泽/A. Kneser

孔德/A. Comte

寇贝/P. Koebe

寇克曼/T. P. Kirkman

库拉托夫斯基/C. Kuratowski

库洛什/А. Г. Курош

库默尔/E. Kummer

奎因/W. V. O. Quine

拉奥/C. R. Rao

拉东/J. Radon

拉夫/A. E. H. Love

拉夫伦节耶夫/
　　　М. А. Лаврентьев

拉格朗日/J. L. Lagrange

拉克斯/P. Lax

拉马努詹/S. Ramanujan

拉曼/C. V. Raman

拉普拉斯/P. S. Laplace

拉舍夫斯基/N. Rashevsky

莱夫谢茨/S. Lefschetz

兰伯特/J. H. Lambert

兰金/W. J. M. Rankine

朗道/E. Landau

朗道/Л. Д. Ландау

朗兰兹/R. Langlands

勒贝格/H. Lebesgue

勒让德/A. M. Legendre

勒未里埃/U. J. J. Le Verrier

黎曼/B. Riemann

黎斯(兄)/F. Riesz

黎斯(弟)/M. Riesz

李嘉图/D. Ricardo

李普希茨/R. Lipschitz

李特/J. F. Ritt

李特尔伍德/J. E. Littlewood

李雅普诺夫/А. М. Ляпунов

列维/P. Levy

列维-齐维塔/T. Levi-Civita

列维·斯特劳斯/
　　　C. Levi-Strauss

林尼克/Ю. В. Линник

龙格/C. Runge

隆美尔/E. Rommel

娄纳/K. Löwner

卢梭/J. J. Rousseau

鲁登道夫/E. Ludendorff

鲁菲尼/P. Ruffini

鲁卡斯/Lucas

罗宾斯/B. Robins

罗滨逊/A. Robinson

罗滨逊/Joan Robinson

罗勃瓦尔/G. Pde Roberval

罗森哈恩/J. G. Rosenhain

洛必达/G. F. A. de L'hospital

洛克/J. Locke

洛特卡/A. J. Lotka

马尔科夫/А. А. Марков

马尔萨斯/T. R. Malthus

马基雅维利/N. Machiavelli

马凯/G. Mackey

马桑/M. Mersonne

马松/M. Mason

马塔·哈利/Mata Hari

马歇尔/A. Marshall

马辛基耶维奇/
　　　J. Marcinkiewicz

马祖尔/S. Mazur

马祖尔基耶维奇/
　　　S. Mazurkiewicz

麦克拉夫/J. Mac Cullagh

麦克莱恩/S. Maclane

曼德尔布洛特/B. Mandelbrot

曼福德/Mumford

门格尔/C. Menger

门格尔/K. Menger

蒙哥马利/B. L. Montgomery

蒙太尔/P. A. Montel

孟德尔/G. Mendel

孟德斯鸠/C. Montesquieu

米尔恩/J. Milne
米尔诺/J. Milnor
米勒/G. A. Miller
米纳克什松达兰/ S. Minakshisundaram
米塔格-莱夫勒/ G. Mittag-Leffler
密尔斯/R. L. Mills
闵可夫斯基/H. Minkowski
闵色尔/J. Mincer
莫尔/E. H. Moore
莫尔/R. L. Moore
莫尔顿/R. Merton
莫尔斯/M. Morse
莫里斯/Charles Morris
莫斯托夫/G. D. Mostow
莫斯托夫斯基/A. Mostowski
穆勒/J. S. Mill
穆斯/J. F. Muth
纳维尔/C. Navier
耐凡林那/R. Nevanlinna
尼古丁/O. Nikodym
尼科尔斯基/ S. M. Николъский
尼仑伯格/L. Nirenberg
纽康伯/S. Newcomb
诺特/E. Noether
诺特/M. Noether
诺伊曼/C. G. Neumann
欧拉/L. Euler
帕里托/V. Pareto
帕其奥利/L. Pacioli
帕森斯/C. A. Parsons
帕森斯/T. Parsons
帕西里叶/C. N. Peaucellier

庞加莱/H. Poincaré
皮亚捷茨基-沙皮罗/ И. И. Пятъцкий-шапиро
皮亚诺/G. Peano
普法夫/J. Pfaff
普拉沙德/G. Prasad
普朗托/L. Prandtl
普利瓦洛夫/И. И. Привалов
普吕克尔/J. Plücker
齐格孟德/A. Zygmund
齐默尔曼/A. Zimmermann
钱达拉塞卡汉/ K. Chandrasekharan
切贝雪夫/П. Л. Чебыщев
琴根斯/G. M. Jenkins
儒耶/D. P. Ruelle
瑞利勋爵/Lord Rayleigh
瑞尼/Reyni
萨顿/G. Sarton
萨尔孟/G. Salmon
萨根/C. Sagan
萨拉姆/R. Salam
萨缪尔逊/P. Samuelson
萨伊/J. B. Say
塞得勒/Sadleir
塞尔/J. P. Serre
塞梵瑞/F. Severi
施尼列尔曼/ Л. Т. Шнирельман
施特克尔/P. Stäckel
施瓦茨/H. A. Schwarz
施瓦兹/L. Schwartz
石里克/M. Schlick
史密斯/H. J. S. Smith
史坦纳/J. Steiner

史陶特/K. G. C. Staudt
史梯克尔伯格/L. Stickelberger
史图迪/E. Study
叔本华/A. Schopenhauer
斯宾诺莎/B. Spinoza
斯宾塞/D. C. Spencer
斯宾塞/H. Spencer
斯蒂尔杰斯/T. J. Stieltjes
斯梅尔/S. Smale
斯密尔诺夫/В. И. Сминов
斯派纳/E. Sperner
斯泰因豪斯/H. Steinhaus
斯特卢伊克/D. J. Struik
斯梯恩洛德/Steenrod
斯通/M. Stone
斯通/R. Stone
斯图姆/C. F. Sturm
斯托克斯/G. G. Stokes
苏斯林/М. Я. Сусл ни
索伯列夫/С. Л. Соболев
塔尔德/J. G. Tarde
塔基/John W. Tukey
塔金斯/F. Takens
塔马尔金/J. D. Tamarkin
塔斯基/A. Tarski
塔塔利亚/N. Tartaglia
台特/J. Tate
泰勒/B. Taylor
汤姆逊/J. G. Thompson
陶斯基/O. Taussky
陶哲轩/Terence Tao
铁木申科/S. P. Timoshenko
图灵/A. Turing
涂尔干/E. Durkheim
屠能/J. H. von Thünen

托利拆利/E. Torricelli

瓦尔拉/L. Walras

瓦莱·布桑/
　　　　C. de la Vallée-Poussin

瓦莱斯/J. Wallis

外尔/H. Weyl

威尔逊/W. Wilson

威克塞尔/J. G. K. Wicksell

韦伯/H. Weber

韦伯/M. Weber

韦达/F. Viète

维布仑/O. Veblen

维尔廷格/W. Wirtinger

维纳/H. Wiener

维纳/N. Wiener

维特根斯坦/L. Wittgenstein

魏尔斯特拉斯/K. Weierstrass

温伯格/W. Weinberg

沃尔夫/Wolf

沃尔泰拉/V. Volterra

乌拉姆/S. M. Ulam

乌斯宾斯基/J. V. Uspensky

武卡西也维奇/J. Lukasiewicz

希尔/E. Hille

希尔/G. W. Hill

希尔伯特/D. Hilbert

小伯克霍夫/G. Birkhoff

肖德尔/J. Schauder

谢尔品斯基/W. Sierpinski

谢林/F. W. J. Schelling

兴登堡/P. von. Hindenburg

休厄尔/W. Whewell

休谟/D. Hume

薛华荔/C. Chevalley

勋伯格/A. Schöenberg

雅可比/C. Jacobi

雅尼谢夫斯基/Z. Janiszewski

亚当·斯密/Adam Smith

亚当斯/J. Adams

亚当斯/J. C. Adams

亚力山大/I. W. Alexander

杨/W. H. Young

叶果洛夫/B. Ф. Егоров

伊夫瑞/J. Ivory

伊斯顿/D. Easton

左拉/E. Zola

数学高端科普出版书目

数学家思想文库	
书　名	作　者
创造自主的数学研究	华罗庚著；李文林编订
做好的数学	陈省身著；张奠宙,王善平编
埃尔朗根纲领——关于现代几何学研究的比较考察	[德]F. 克莱因著；何绍庚,郭书春译
我是怎么成为数学家的	[俄]柯尔莫戈洛夫著；姚芳,刘岩瑜,吴帆编译
诗魂数学家的沉思——赫尔曼·外尔论数学文化	[德]赫尔曼·外尔著；袁向东等编译
数学问题——希尔伯特在1900年国际数学家大会上的演讲	[德]D. 希尔伯特著；李文林,袁向东编译
数学在科学和社会中的作用	[美]冯·诺伊曼著；程钊,王丽霞,杨静编译
一个数学家的辩白	[英]G. H. 哈代著；李文林,戴宗铎,高嵘编译
数学的统一性——阿蒂亚的数学观	[英]M. F. 阿蒂亚著；袁向东等编译
数学的建筑	[法]布尔巴基著；胡作玄编译

数学科学文化理念传播丛书·第一辑	
书　名	作　者
数学的本性	[美]莫里兹编著；朱剑英编译
无穷的玩艺——数学的探索与旅行	[匈]罗兹·佩特著；朱梧槚,袁相碗,郑毓信译
康托尔的无穷的数学和哲学	[美]周·道本著；郑毓信,刘晓力编译
数学领域中的发明心理学	[法]阿达玛著；陈植荫,肖奚安译
混沌与均衡纵横谈	梁美灵,王则柯著
数学方法溯源	欧阳绛著
数学中的美学方法	徐本顺,殷启正著
中国古代数学思想	孙宏安著
数学证明是怎样的一项数学活动？	萧文强著
数学中的矛盾转换法	徐利治,郑毓信著
数学与智力游戏	倪进,朱明书著
化归与归纳·类比·联想	史久一,朱梧槚著

数学科学文化理念传播丛书・第二辑	
书　名	作　者
数学与教育	丁石孙,张祖贵著
数学与文化	齐民友著
数学与思维	徐利治,王前著
数学与经济	史树中著
数学与创造	张楚廷著
数学与哲学	张景中著
数学与社会	胡作玄著
走向数学丛书	
书　名	作　者
有限域及其应用	冯克勤,廖群英著
凸性	史树中著
同伦方法纵横谈	王则柯著
绳圈的数学	姜伯驹著
拉姆塞理论——入门和故事	李乔,李雨生著
复数、复函数及其应用	张顺燕著
数学模型选谈	华罗庚,王元著
极小曲面	陈维桓著
波利亚计数定理	萧文强著
椭圆曲线	颜松远著